Fiches

Spécial

W0243591

Le Brevet en fiches ultra-visuelles !

Maths 3e

Stéphane Renouf
Professeur certifié de Mathématiques

MAGNARD

Sommaire

Gestion et organisation de données – Fonctions

ANNEXES

Édition : Olivia Germande ; **Conception graphique** : Muriel Ouziane ;
Mise en pages : Nord Compo.

5, allée de la 2e DB - 75015 PARIS
www.magnard.fr
www.specialbrevet.magnard.fr

Achevé d'imprimer en France par Loire Offset Titoulet à Saint-Etienne
Dépôt légal : février 2015 ; N° éditeur : 2015/0311

Description de l'épreuve et conseils pour réussir

Description de l'épreuve

Durée : 2 heures.

Points : 40.

- Le sujet est constitué de 6 à 10 exercices indépendants. L'un des exercices au moins a pour objet une tâche non guidée, exigeant une prise d'initiative.
- L'épreuve est notée sur 40 points. Chaque exercice est noté entre 3 et 8 points ; la note attribuée à chaque exercice est indiquée sur le sujet. 4 points sont réservés à la maîtrise de la langue.
- Le sujet porte sur différentes parties du programme de troisième pour la série générale.
- La calculatrice est autorisée.

Conseils pour réussir

- **Préparez votre matériel :** règle, équerre, compas, rapporteur, etc. En examen, vous ne pouvez pas emprunter du matériel à un autre candidat.
- **La calculatrice :** vérifiez bien les piles. Il faut avoir l'habitude de s'en servir. En examen, vous ne pouvez pas demander d'aide.
- **Le sujet :** dès que vous avez le sujet en main, prenez le temps de le lire (quelques minutes suffisent) pour repérer les exercices qui vous semblent les plus abordables. Commencez par ceux-là.
- **Gestion du temps :** gardez du temps, à la fin de l'épreuve, pour vous relire et corriger les fautes éventuelles.

Typologie des exercices et des questions

- **QCM :** il faut utiliser un brouillon, résoudre la question, puis choisir la ou les bonnes réponses parmi les choix présentés.
- **Justifier :** il faut citer les théorèmes, propriétés ou définitions qui permettent de faire le raisonnement.

- **Calculer :** il faut écrire toutes les étapes et ne pas se contenter du résultat affiché par une calculatrice.
- **Prise d'initiative :** il faut écrire toutes les idées que l'on a, même si l'on n'arrive pas à conclure. Les essais, même non concluants, rapportent des points.

Présentation de la copie

- N'oubliez pas de numéroter les exercices.
- Séparez chaque exercice pour améliorer la lisibilité de votre copie.
- Encadrez les résultats à la fin de chaque question.
- N'oubliez pas les unités s'il y en a.
- En géométrie, faites toujours une figure à main levée au brouillon avec les données de l'énoncé et codée pour faciliter le raisonnement.
- Pour les constructions géométriques, faites une figure propre et précise en laissant les traits de construction apparents.

Fractions

FICHE 1

1 Additions, soustractions

Pour **additionner** ou **soustraire** des fractions, il faut qu'elles aient un **même dénominateur**. On a alors, pour tous nombres réels a, b et c avec $c \neq 0$: $\frac{a}{c}+\frac{b}{c}=\frac{a+b}{c}$.

Exemple 1 : Calcul de $A=\frac{5}{3}+\frac{8}{3}$.

Pour A, on repère que les deux fractions ont le même dénominateur. On a alors : $A=\frac{5+8}{3}=\frac{13}{3}$.

Exemple 2 : Calcul de $B=\frac{3}{5}-\frac{2}{3}$.

Pour B, on repère que les deux fractions ont un dénominateur différent. On cherche alors un dénominateur commun, c'est-à-dire un nombre non nul multiple de 5 et de 3. 15 est un candidat possible. On a alors :

$$B=\frac{3\times 3}{5\times 3}-\frac{2\times 5}{3\times 5}=\frac{9}{15}-\frac{10}{15}=-\frac{1}{15}.$$

À retenir

Pour tous nombres réels a, b, k avec $b \neq 0$ et $k \neq 0$: $\frac{a}{b}=\frac{a\times k}{b\times k}$.

2 Multiplications

Pour **multiplier** deux fractions entre elles, on multiplie les numérateurs entre eux et les dénominateurs entre eux. On a alors, pour tous nombres réels a, b, c, d avec $b \neq 0$ et $d \neq 0$: $\frac{a}{b}\times\frac{c}{d}=\frac{a\times c}{b\times d}$.

À retenir

Il faut toujours donner les résultats sous une forme irréductible (simplifiée au maximum).

Exemple 1 : $\frac{3}{4}\times\frac{5}{7}=\frac{3\times 5}{4\times 7}=\frac{15}{28}$.

Exemple 2 : $-\frac{5}{7}\times\frac{3}{-10}=\frac{-5\times 3}{7\times(-10)}=\frac{-15}{-70}=\frac{3\times 5}{14\times 5}=\frac{3}{14}$.

3 Divisions

Diviser, c'est multiplier par l'inverse. Pour tous nombres réels a, b, c, d avec $b \neq 0$, $c \neq 0$ et $d \neq 0$: $\frac{a}{b} \div \frac{c}{d} = \frac{a \times d}{b \times c}$ ou encore $\frac{\frac{a}{b}}{\frac{c}{d}} = \frac{a \times d}{b \times c}$.

À retenir

Pour tous nombres réels a et b avec $b \neq 0$, l'inverse de $\frac{a}{b}$ est $\frac{b}{a}$.

Exemple : $\frac{3}{4} \div \frac{5}{7} = \frac{3 \times 7}{4 \times 5} = \frac{21}{20}$.

4 Priorités opératoires

- On doit toujours commencer par **effectuer les calculs dans les parenthèses** les plus intérieures. À l'intérieur de celles-ci, **les multiplications et les divisions sont prioritaires** sur les additions et les soustractions.
- S'il n'y a que des additions et des soustractions, on effectue les calculs de **gauche à droite**.
- S'il n'y a que des multiplications et des divisions, on effectue les calculs de **gauche à droite**.

Exemple 1 : Calcul de $A = \frac{3}{4} - \frac{3}{4} \times \frac{5}{6}$.

A ne comporte pas de parenthèses ; on repère une multiplication, on doit donc commencer par elle !

On a alors : $A = \frac{3}{4} - \frac{3 \times 5}{4 \times 6} = \frac{3}{4} - \frac{3 \times 5}{4 \times 2 \times 3} = \frac{3}{4} - \frac{5}{8}$.

Pour effectuer le calcul, on doit mettre les deux fractions sous un même dénominateur, ici 8 convient.

D'où : $A = \frac{3 \times 2}{4 \times 2} - \frac{5}{8} = \frac{6}{8} - \frac{5}{8} = \frac{1}{8}$.

Calculer avec des fractions

Sujet (d'après DNB centres étrangers, 2012)

1. Calculez $\frac{1}{4}+\frac{2}{3}\times\frac{3}{4}$.

2. Au goûter, Noa mange $\frac{1}{4}$ du paquet de gâteaux qu'elle vient d'ouvrir. De retour du collège, sa sœur Naïs mange les $\frac{2}{3}$ des gâteaux restants dans le paquet entamé par Noa.
Il reste alors 5 gâteaux.
Quel était le nombre initial de gâteaux dans le paquet ?

Si le travail n'est pas terminé, laissez tout de même une trace de la recherche. Elle sera prise en compte dans la notation.

Avant de commencer

- Penser aux **priorités opératoires** : la multiplication est prioritaire sur l'addition.
- Penser à **simplifier** le produit.
- **Traduire** chaque phrase du problème par une égalité.

Pensez aux priorités opératoires :

$$\frac{1}{4}+\frac{2}{3}\times\frac{3}{4}=\frac{1}{4}+\frac{2\times 3}{3\times 4}=\frac{1}{4}+\frac{2}{4}=\frac{3}{4}.$$

Traduisez les phrases de l'énoncé en égalité :

« Au goûter, Noa mange $\frac{1}{4}$ du paquet de gâteaux qu'elle vient d'ouvrir », cela signifie donc qu'il reste $\frac{3}{4}$ du paquet.
« Naïs mange les $\frac{2}{3}$ des gâteaux restants dans le paquet », cela

signifie qu'il reste $\frac{1}{3}$ des gâteaux restants. C'est-à-dire qu'il reste $\frac{1}{3}$ des $\frac{3}{4}$ donc $\frac{1}{3} \times \frac{3}{4} = \frac{1}{4}$ des gâteaux.
« Il reste alors 5 gâteaux », cela représente le quart des gâteaux initial. Il y avait donc 20 gâteaux dans le paquet.

Sujet (d'après DNB, 2010)

1. Calculez $A = \frac{6}{5} - \frac{17}{14} \div \frac{5}{7}$.

2. Calculez $B = \frac{3}{4} - \frac{2}{3} \div \frac{8}{15}$.

Avant de commencer

► Se rappeler les priorités opératoires : les divisions sont prioritaires sur les additions et soustractions.

► Transformer la division en une multiplication.

Calculez A :

$$A = \frac{6}{5} - \frac{17}{14} \div \frac{5}{7} = \frac{6}{5} - \frac{17}{14} \times \frac{7}{5}.$$

Il faut maintenant effectuer le produit, mais il vaut mieux repérer que 14 = 2 × 7 et simplifier par 7.

$$A = \frac{6}{5} - \frac{17 \times 7}{7 \times 2 \times 5} = \frac{6}{5} - \frac{17}{10} = \frac{6 \times 2}{5 \times 2} - \frac{17}{10} = \frac{12}{10} - \frac{17}{10} = -\frac{5}{10}.$$

Il faut ensuite simplifier le résultat. On obtient alors $A = -\frac{1}{2}$.

Calculez B :

$$B = \frac{3}{4} - \frac{2}{3} \times \frac{15}{8} = \frac{3}{4} - \frac{2 \times 15}{3 \times 8}.$$

Il faut maintenant effectuer le produit. Pour simplifier les calculs, il vaut mieux remarquer que 15 = 3 × 5 et 8 = 2 × 4.

$$B = \frac{3}{4} - \frac{2 \times 3 \times 5}{3 \times 2 \times 4} = \frac{3}{4} - \frac{5}{4} = -\frac{2}{4}.$$

Il faut ensuite simplifier le résultat. On obtient alors $B = -\frac{1}{2}$.

Arithmétique

1 Division euclidienne

- Soient a et b deux nombres entiers naturels avec $b \neq 0$. Effectuer la **division euclidienne** de a par b, c'est trouver deux entiers naturels q et r tels que $a = bq + r$ avec $0 \leqslant r < b$: q est le quotient entier et r est le reste.

Exemple : La division euclidienne de 17 par 5 donne
$17 = 5 \times 3 + 2$ avec $0 \leqslant 2 < 3$.
Le quotient entier vaut 3 et le reste 2.

- Lorsque le reste vaut 0, on a alors $a = bq$. On dit que b est un **diviseur** de a, que a est un **multiple** de b ou que a est **divisible** par b.

Exemple : $15 = 5 \times 3$.
5 et 3 sont des diviseurs de 15.
15 est un multiple de 5 et de 3.

2 PGCD

a. Définitions

- Le PGCD à deux nombres entiers a et b est **le plus grand diviseur commun à a et b**, on le note PGCD (a ; b).

- Lorsque le PGCD vaut 1, on dit que les nombres sont **premiers entre eux**.

À retenir
PGCD (a ; b) = PGCD (b ; a).

Exemple : PGCD (6 ; 8) = 2.
La liste des diviseurs de 6 est {1 ; 2 ; 3 ; 6} et la liste des diviseurs de 8 est {1 ; 2 ; 4 ; 8}.
Le plus grand des diviseurs en commun est 2.

b. Méthode des soustractions successives

Si $a \geqslant b$, alors :

PGCD (a ; b) = PGCD ($a - b$; b).

En appliquant à la chaîne cette propriété, on obtient le PGCD.

À retenir
Si b divise a, alors PGCD (a ; b) = b.

Exemple : Calcul du PGCD (38 ; 36) par la méthode des soustractions successives.
PGCD (38 ; 36) = PGCD (38 – 36 ; 36) = PGCD (2 ; 36) = 2.

c. Méthode des divisions successives ou algorithme d'Euclide

À retenir
Le dividende est le plus grand des deux nombres dont on cherche à obtenir le PGCD.

Si $a \geqslant b$, alors :
PGCD (a ; b) = PGCD (b ; r) où r est le reste de la division euclidienne de a par b. En appliquant à la chaîne cette propriété, le **PGCD est le dernier reste non nul**.

Exemple : PGCD (20 ; 36) = 4. En effet, si l'on applique l'algorithme d'Euclide en utilisant un tableau, on constate que le dernier reste non nul est 4.

Dividende	36	20	16
Diviseur	20	16	4
Reste	16	4	0

3 Fractions irréductibles

• Une fraction est dite **irréductible** lorsque le numérateur et le dénominateur sont **premiers entre eux**.

Exemple : $\dfrac{15}{16}$ est irréductible car 15 et 16 sont premiers entre eux, leur PGCD vaut 1.

• Si l'on simplifie une fraction par le PGCD du numérateur et du dénominateur, on obtient une fraction irréductible.

Exemple : $\dfrac{24}{28}$ n'est pas irréductible. En effet, PGCD (24 ; 28) = 4.
On a $\dfrac{24}{28} = \dfrac{4 \times 6}{4 \times 7} = \dfrac{6}{7}$. Donc $\dfrac{6}{7}$ est une fraction irréductible.

Rendre irréductible/utiliser le PGCD

Sujet (extrait DNB centres étrangers, juin 2014)

La fraction $\frac{216}{126}$ est-elle irréductible ? Si ce n'est pas le cas, la rendre irréductible en détaillant les étapes.

Avant de commencer

- Se rappeler la définition d'une fraction irréductible.
- Utiliser les **critères de divisibilité**.
- Utiliser **l'algorithme d'Euclide** pour calculer rapidement le **PGCD** ou la méthode des soustractions successives.

→ Utilisez les critères de divisibilité par 2 :

Le numérateur et le dénominateur sont des entiers se terminant par 0, 2, 4, 6 ou 8 et sont donc divisibles par 2. Ils ne sont donc pas premiers entre eux, **la fraction n'est pas irréductible**.

→ Calculez le PGCD en utilisant l'algorithme d'Euclide :

Dividende	216	126	90	36
Diviseur	126	90	36	18
Reste	90	36	18	0

Le PGCD à 216 et à 126 est le dernier reste non nul, il vaut donc 18. Si l'on simplifie une fraction par le PGCD du numérateur et du dénominateur, on obtient une fraction irréductible.

On a alors : $\frac{216}{126} = \frac{18 \times 12}{18 \times 7} = \frac{12}{7}$.

➔ Calculez le PGCD en utilisant la méthode des soustractions successives :

a	b	$a - b$
216	126	90
126	90	36
90	36	54
54	36	18
36	18	18
18	18	0

Le PGCD est la dernière différence non nulle, c'est donc 18. Si l'on simplifie une fraction par le PGCD du numérateur et du dénominateur, on obtient une fraction irréductible. On a alors $\frac{216}{126} = \frac{18 \times 12}{18 \times 7} = \frac{12}{7}$.

Sujet (d'après DNB Amérique du Nord, juin 2013)

Flavien veut répartir la totalité de 760 dragées au chocolat et 1 045 dragées aux amandes dans des sachets ayant la même répartition de dragées au chocolat et aux amandes. Peut-il réaliser 76 sachets ? Justifiez.

Avant de commencer

- ▶ Savoir effectuer une division euclidienne.
- ▶ Utiliser la notion de **diviseur commun**.

➔ Utilisez la division euclidienne de 760 par 60 et de 1 045 par 60 :

$760 = 12 \times 60 + 40$ avec $40 < 60$, donc il restera 40 dragées au chocolat.
$1\,045 = 17 \times 60 + 25$ avec $25 < 60$, donc il restera 25 dragées aux amandes. Il ne pourra donc pas réaliser 76 sachets.

Puissances

FICHE 5

1 Généralités

a. Définitions

• Soient a un nombre réel non nul et n un entier naturel avec $n \geqslant 2$. $a^n = \underbrace{a \times a \times \ldots \times a}_{n \text{ facteurs}}$

À retenir

0^0 n'existe pas !

• a^n se lit « a puissance n » ou « a exposant n ». Par convention : $a^1 = a$ et $a^0 = 1$.

• Pour $n \geqslant 1$, **a^{-n} est l'inverse de a^n**. Donc $a^{-n} = \frac{1}{a^n}$.

Exemple 1 : $3^2 = 3 \times 3 = 9$.
Exemple 2 : $5^3 = 5 \times 5 \times 5 = 125$.
Exemple 3 : $7^0 = 1$.
Exemple 4 : $2^{-2} = \frac{1}{2^2} = \frac{1}{4}$.

À retenir

Ne pas confondre l'inverse et l'opposé d'un nombre. L'opposé de a est $-a$.

b. Opérations

Si a et b sont deux réels non nuls et si n et p sont des entiers relatifs, alors : $a^n \times a^p = a^{n+p}$; $\frac{a^n}{a^p} = a^{n-p}$; $(a^n)^p = a^{n \times p}$; $a^n \times b^n = (ab)^n$; $\left(\frac{a}{b}\right)^n = \frac{a^n}{b^n}$.

Exemple 1 : $3^2 \times 3^{-4} = 3^{2-4} = 3^{-2}$.

Exemple 2 : $\frac{5^2}{5^{-8}} = 5^{2-(-8)} = 5^{2+8} = 5^{10}$.

Exemple 3 : $(3^2)^5 = 3^{2 \times 5} = 3^{10}$.

Exemple 4 : $3^2 \times 5^2 = (3 \times 5)^2 = 15^2$.

Exemple 5 : $\left(\frac{3}{4}\right)^2 = \frac{3^2}{4^2} = \frac{9}{16}$.

c. Puissances de 10

Si n et p sont des entiers relatifs : $10^n \times 10^p = 10^{n+p}$;

$\frac{10^n}{10^p} = 10^{n-p}$; $(10^n)^p = 10^{n \times p}$.

2 Écriture scientifique d'un nombre

À retenir

On déplace la virgule pour avoir un seul chiffre non nul avant la virgule, puis on multiplie par la puissance de 10 correspondant.

L'écriture scientifique d'un nombre est l'écriture de ce nombre sous la forme $a \times 10^n$ où a s'écrit avec **un seul chiffre non nul avant la virgule** et n est un nombre entier relatif. Le nombre a est appelé **mantisse** du nombre.

Exemple 1 : 2 015 a pour écriture scientifique $2{,}015 \times 10^3$.

Exemple 2 : 0,2 013 a pour écriture scientifique $2{,}013 \times 10^{-1}$.

3 Calculs avec des puissances

À retenir

Un nombre au carré est toujours positif.

Dans les calculs, on doit :

1. commencer par les calculs entre parenthèses ;
2. isoler et calculer les puissances ;
3. effectuer les multiplications et les divisions ;
4. effectuer les additions et les soustractions.

Exemple 1 :

$4 \times (5-8)^2 + 3^2 = 4 \times (-3)^2 + 3^2 = 4 \times 9 + 9 = 36 + 9 = 45.$

Exemple 2 :

$$\frac{5 \times 3^2 \times 10^3}{4 \times 10^{-2} \times 10^{-4}} = \frac{5 \times 3}{4} \times \frac{10^3}{10^{-2-4}} = \frac{15}{4} \times \frac{10^3}{10^{-6}} = \frac{15}{4} \times 10^{3-(-6)}$$

$$= \frac{15}{4} \times 10^{3+6} = \frac{15}{4} \times 10^9.$$

Racines carrées

FICHE 6

1 Racine carrée d'un nombre positif

a. Définitions

• Soit a un nombre **positif**. La racine carrée de a est le nombre positif dont le carré vaut a. Ce nombre se note $\sqrt{a}$.

| **Exemple 1 :** 7 est positif, son carré vaut 49, donc $\sqrt{49} = 7$.

| **Exemple 2 :** $\frac{1}{3}$ est positif et $\left(\frac{1}{3}\right)^2 = \frac{1}{9}$, donc $\sqrt{\frac{1}{9}} = \frac{1}{3}$.

• Le symbole $\sqrt{}$ est appelé **radical**. Le nombre sous le trait horizontal du radical est appelé **radicande**.

À retenir

La racine carrée d'un nombre négatif n'existe pas !

$\sqrt{0} = 0$ et $\sqrt{1} = 1$.

b. Propriétés

Si a est un nombre **positif**, alors $\sqrt{a}^2 = a$ et $\sqrt{a^2} = a$.

| **Exemple :** $\sqrt{6}^2 = 6$ et $\sqrt{1{,}7^2} = 1{,}7$.

c. Obtention d'une racine carrée

• On peut utiliser le tableau des racines carrées les plus utilisées :

x	0	1	4	9	16	25	36	49	64	81	100
	0	1	2	3	4	5	6	7	8	9	10

ou alors utiliser une calculatrice.

• **Attention**, toutes les racines carrées n'ont pas une écriture décimale ou fractionnaire exacte. Pour $\sqrt{2}$, on obtient $\sqrt{2} \approx 1{,}4142$en tapant la séquence de touches suivantes :
Casio : [seconde] [x^2] 2 [EXE] [S<=>D]   TI : [2nde] [x^2] 2 [Entrer] [(aff)]

2 Opérations et racines carrées

• La racine carrée du **produit** de deux nombres positifs est égale au produit des racines carrées.
• Pour tous nombres a et positifs, on a $\sqrt{a \times b} = \sqrt{a} \times \sqrt{b}$.
• Pour simplifier les produits, on sous-entend « × ». Ainsi, $\sqrt{7} \times 5$ s'écrit $5\sqrt{7}$.

Exemple 1 : $\sqrt{5 \times 9} = \sqrt{5} \times \sqrt{9} = \sqrt{5} \times 3 = 3\sqrt{5}$.

Exemple 2 : $\sqrt{2} \times \sqrt{7} = \sqrt{2 \times 7} = \sqrt{14}$.

À retenir

En général, pour tout nombre positif a et b : $\sqrt{a+b} \neq \sqrt{a} + \sqrt{b}$.

• La racine carrée du **quotient** de deux nombres positifs est égale au quotient des racines carrées.

• Pour tout a, nombre positif, et b, nombre strictement positif, on a $\sqrt{\frac{a}{b}} = \frac{\sqrt{a}}{\sqrt{b}}$.

Exemple : $\sqrt{\frac{9}{25}} = \frac{\sqrt{9}}{\sqrt{25}} = \frac{3}{5}$ et $\frac{\sqrt{11}}{\sqrt{2}} = \sqrt{\frac{11}{2}} = \sqrt{5,5}$.

3 Quelques applications

a. Simplification de la racine carrée d'un nombre

S'il s'agit d'un produit dont l'un des facteurs est le carré d'un entier, alors on peut l'écrire sous la forme $a\sqrt{b}$ avec a et b nombres entiers les plus petits possibles.

Exemple : $\sqrt{180} = \sqrt{36 \times 5} = \sqrt{36} \times \sqrt{5} = 6\sqrt{5}$

b. Exprimer un résultat sans racine carrée au dénominateur

• Si le dénominateur est une racine carrée, il suffira de multiplier numérateur et dénominateur par celle-ci.

Exemple : $\frac{5}{\sqrt{7}} = \frac{5 \times \sqrt{7}}{\sqrt{7} \times \sqrt{7}} = \frac{5\sqrt{7}}{7}$.

À retenir

La quantité conjuguée de $a + \sqrt{b}$ est $a - \sqrt{b}$.
La quantité conjuguée de $a - \sqrt{b}$ est $a + \sqrt{b}$.

• Si le dénominateur est du type $a + \sqrt{b}$ où a est un nombre et b un nombre positif, il faudra alors multiplier le numérateur et le dénominateur par la **quantité conjuguée**, c'est-à-dire par $a - \sqrt{b}$.

Exemple :

$$\frac{4}{5+\sqrt{2}} = \frac{4 \times (5-\sqrt{2})}{(5+\sqrt{2})(5-\sqrt{2})} = \frac{20-4\sqrt{2}}{5^2 - \sqrt{2}^2} = \frac{20-4\sqrt{2}}{25-2} = \frac{20-4\sqrt{2}}{23}.$$

BILAN

Calculer une expression numérique

FICHE 7

MÉMO

THÈMES clés

Calculs avec des fractions, des puissances et des racines carrées : fiches 1, 5, 6

Rendre irréductible une fraction : fiche 4

Notion de diviseur et de PGCD : fiche 2

Les puissances : fiche 5

Les racines carrées : fiche 6

DÉFINITIONS clés

Diviser par un nombre non nul : multiplier par l'inverse du nombre.

PGCD : plus grand diviseur commun.

Fraction irréductible : le PGCD au numérateur et au dénominateur vaut 1.

Écriture scientifique : $a \times 10^n$ avec a s'écrivant avec un seul chiffre non nul avant la virgule et n un entier relatif.

FORMULES clés

Si $a \geqslant 0$, alors $\sqrt{a^2} = a$.

Si $a \geqslant 0$ et $b \geqslant 0$, alors $\sqrt{a \times b} = \sqrt{a} \times \sqrt{b}$.

Si $a \geqslant 0$ et $b > 0$, alors $\sqrt{\dfrac{a}{b}} = \dfrac{\sqrt{a}}{\sqrt{b}}$.

Calcul fractionnaire

Fractions

- $\frac{a}{b} \times \frac{c}{d} = \frac{a \times c}{b \times d}$
- $\frac{a}{b} \div \frac{c}{d} = \frac{a \times d}{b \times c}$
- $\frac{a}{b} + \frac{c}{b} = \frac{a + c}{b}$
- irréductible = PGCD vaut 1

Calcul avec les puissances

Puissances avec $a \neq 0$

- $a^0 = 1$ et $a^1 = a$
- $a^n = a \times \ldots \times a$
  n facteurs égaux à a
- $(a^n)^p = a^{n \times p}$
- $a^{-n} = \frac{1}{a^n}$
- $\frac{a^n}{a^p} = a^{n-p}$
- $a^n \times a^p = a^{n+p}$

Quiz-bilan

FICHE 8

→ *Réponses au verso.*

1 Le résultat de $\frac{1}{3}+\frac{2}{5}$ est :

a. ☐ $\frac{3}{8}$ b. ☐ $\frac{3}{15}$ c. ☒ $\frac{11}{15}$

2 Le résultat de $2+\frac{1}{3}\times\frac{2}{5}$ est :

a. ☒ $\frac{32}{15}$ b. ☐ $\frac{2}{5}$ c. ☐ $\frac{4}{15}$

3 Les diviseurs communs à 12 et à 20 sont :

a. ☐ 1 et 2 b. ☐ 2 et 4 c. ☒ 1 ; 2 et 4

4 Le PGCD à 36 et à 20 est :

a. ☐ 1 b. ☒ 4 c. ☐ 2

5 142 et 208 sont premiers entre eux :

a. ☐ Vrai b. ☐ Faux

6 La fraction $\frac{121}{33}$ est simplifiable par :

a. ☐ 3 ☐ b. 7 c. ☒ 11

7 La fraction $\frac{17}{18}$ est irréductible :

a. ☒ Vrai b. ☐ Faux

8 $\sqrt{64}=?$

a. ☒ 8 b. ☐ 32 c. ☐ 4 096

9 Le résultat de $\sqrt{3}\times\sqrt{12}$ est :

a. ☐ $\sqrt{15}$ b. ☒ 6

10 **Le résultat de $\sqrt{8} + \sqrt{2}$ est :**

a. ☐ $3\sqrt{2}$ b. ☐ $\sqrt{10}$ c. ☐ 4

11 $(-17)^0 = ?$

a. ☐ –1 b. ☐ 0 c. ☐ –17 d. ☐ 1

12 **L'écriture décimale de 2^{-4} est :**

a. ☐ –8 b. ☐ 16 c. ☐ 0,125 d. ☐ 0,0625

13 **L'écriture scientifique de 2 015 est :**

a. ☐ $2{,}015 \times 10^2$ b. ☐ $0{,}2015 \times 10^4$ c. ☐ $2{,}015 \times 10^3$

14 **Le nombre $\dfrac{4 \times 10^2 \times 12 \times 10^{-4}}{3 \times 10^{-1}}$ a pour écriture décimale :**

a. ☐ 16 b. ☐ 1,6 c. ☐ 0,16

15 **L'écriture scientifique de 0,0055 est :**

a. ☐ 55×10^{-4} b. ☐ $5{,}5 \times 10^3$ c. ☐ $5{,}5 \times 10^{-3}$

16 **Les nombres 105 et 106 sont premiers entre eux.**

a. ☐ Vrai b. ☐ Faux

17 **13 est un diviseur commun à 143 et à 221.**

a. ☐ Vrai b. ☐ Faux

Réponses :

1 c – 2 a – 3 c – 4 b – 5 b les deux nombres sont divisibles par 2 – 6 c – 7 a 17 et 18 sont premiers entre eux – 8 a – 9 b – 10 a – 11 d – 12 d – 13 c – 14 b – 15 c – 16 a – 17 a.

Identités remarquables : développements

FICHE 9

1 Développements

Développer, c'est transformer un produit en une somme. Pour cela, on peut utiliser les formules de distributivité.
Pour tous nombres réels a, b et k : $k(a+b) = ka + kb$.
Pour tous nombres réels a, b, c et d :

$$(a+b)(c+d) = ac + ad + bc + bd.$$

À retenir
On utilise la simplification d'écriture : $A \times B$ est noté AB.

Exemple 1 : $(a+5)(a+1) = a \times a + a \times 1 + 5 \times a + 5 \times 1$
$= a^2 + a + 5a + 1$
$= a^2 + 6a + 1.$

Exemple 2 : $(x^2-5)(x+2) = x^2 \times x + x^2 \times 2 + (-5) \times x + (-5) \times 2$
$= x^3 + 2x^2 - 5x - 10.$

2 Les identités remarquables

a. Carré d'une somme

- Pour tous nombres réels a et b : $(a+b)^2 = a^2 + 2 \times a \times b + b^2$.
- Autre formulation : « le carré de la somme est égal au premier terme au carré, plus deux fois le premier, fois le second terme plus le second terme au carré ».

À retenir
Ne pas oublier le double produit $2ab$.

Exemple 1 : $(a+3)^2 = a^2 + 2 \times a \times 3 + 3^2 = a^2 + 6a + 9.$

Exemple 2 : $(2y+1)^2 = (2y)^2 + 2 \times 2y \times 1 + 1^2 = 4y^2 + 4y + 1.$

Exemple 3 : $(10+3z)^2 = 10^2 + 2 \times 10 \times 3z + (3z)^2 = 100 + 60z + 9z^2.$

• On peut utiliser cette identité remarquable pour effectuer des calculs sans calculatrice. Par exemple, pour calculer 102^2, on remarque que $102 = 100 + 2$.

$$\begin{aligned} \text{On a } 102^2 &= (100 + 2)^2 \\ &= 100^2 + 2 \times 100 \times 2 + 2^2 \\ &= 10\,000 + 400 + 4 \\ &= 10\,404. \end{aligned}$$

b. Carré d'une différence

• Pour tous nombres réels a et b : $(a - b)^2 = a^2 - 2 \times a \times b + b^2$.

• Autre formulation : « le carré d'une différence est égale au premier terme au carré, moins deux fois le premier, fois le second terme plus le second terme au carré ».

| Exemple 1 : $(y - 3)^2 = y^2 - 2 \times y \times 3 + 3^2 = y^2 - 6y + 9$.

| Exemple 2 : $(5 - 3a)^2 = 5^2 - 2 \times 5 \times 3a + (3a)^2 = 25 - 30a + 9a^2$.

| Exemple 3 : $(7z - 6)^2 = (7z)^2 - 2 \times 7z \times 6 + 6^2 = 49z^2 - 84z + 36$.

• On peut utiliser cette identité remarquable pour effectuer des calculs sans calculatrice. Par exemple, pour calculer 98^2, on remarque que $98 = 100 - 2$.

$$\begin{aligned} \text{On a donc : } 98^2 &= (100 - 2)^2 \\ &= 100^2 - 2 \times 100 \times 2 + 2^2 \\ &= 10\,000 - 400 + 4 \\ &= 9\,604. \end{aligned}$$

c. Produit de la somme par la différence

À retenir

Ne pas confondre le carré et le double.

• Pour tous nombres réels a et b : $(a + b)(a - b) = a^2 - b^2$.

• Autre formulation : « le produit de la somme par la différence est égal au premier terme au carré moins le second terme au carré ».

| Exemple 1 : $(a + 3)(a - 3) = a^2 - 3^2 = a^2 - 9$.

| Exemple 2 : $(5y + 2)(5y - 2) = (5y)^2 - 2^2 = 25y^2 - 4$.

| Exemple 3 : $(8 - 2z)(8 + 2z) = 8^2 - (2z)^2 = 64 - 4z^2$.

• On peut utiliser cette identité remarquable pour effectuer des calculs sans calculatrice. Par exemple, pour calculer 102×98, on remarque que $102 = 100 + 2$ et que $98 = 100 - 2$. On a donc : $102 \times 98 = (100 + 2) \times (100 - 2) = 100^2 - 2^2 = 10\,000 - 4 = 9\,996$.

Identités remarquables : factorisations

FICHE 10

1 Factorisations

Factoriser, c'est transformer une somme ou une différence en un produit. Pour cela, on peut utiliser les formules de distributivité.

Pour tous nombres réels a, b et k : $ka + kb = k(a + b)$.

> **À retenir**
> On utilise la simplification d'écriture : A x B est noté AB.

Exemple : Factoriser les expressions $A = a^2 + 5a$; $B = y - y^2$; $C = (x + 2)^2 - 3(x + 2)(x + 1)$ et $D = (z + 3)(z + 1) - z(2z + 6)$.

Il faut toujours commencer par rechercher des facteurs communs !

Pour A, on repère que a est un facteur commun, on a alors :
$A = a^2 + 5a = a \times (a + 5) = a(a + 5)$.

Pour B, on repère que y est un facteur commun, on a alors :
$B = y - y^2 = y \times (1 - y) = y(1 - y)$.

> **À retenir**
> $y = 1 \times y$.

Pour C, on repère que $(x + 2)$ est un facteur commun, on a alors :

$$\begin{aligned} C &= (x + 2)^2 - 3(x + 2)(x + 1) \\ &= (x + 2)[(x + 2) - 3(x + 1)] \\ &= (x + 2)(x + 2 - 3x - 3) \\ &= (x + 2)(-2x - 1). \end{aligned}$$

> **À retenir**
> Pour factoriser, il faut parfois développer puis réduire à l'intérieur des crochets.

Pour D, il faut commencer par factoriser $(2z + 6)$.
On a $2z + 6 = 2(z + 3)$.
D'où :

$$\begin{aligned} (z + 3)(z + 1) - 2z(z + 3) &= (z + 3)[(z + 1) - 2z] \\ &= (z + 3)(z + 1 - 2z) \\ &= (z + 3)(1 - z). \end{aligned}$$

2 Les identités remarquables

a. Formules

- Pour tous nombres réels a et b : $a^2 + 2 \times a \times b + b^2 = (a + b)^2$.
- Pour tous nombres réels a et b : $a^2 - 2 \times a \times b + b^2 = (a - b)^2$.
- Pour tous nombres réels a et b : $a^2 - b^2 = (a + b)(a - b)$.

b. Utilisations

• Pour savoir quelle identité remarquable utiliser, on doit commencer par compter le nombre de termes. S'il y en a trois, on pourra utiliser l'une des deux premières. S'il y a une différence de deux carrés, on pourra utiliser la troisième.

Exemple 1 : Factorisation de l'expression $A = x^2 + 10x + 25$.
A comporte trois termes précédés du signe « + ». On met alors en évidence l'identité remarquable :
$a^2 + 2 \times a \times b + b^2 = (a + b)^2$ avec $a = x$ et $b = 5$:
$A = x^2 + 2 \times x \times 5 + 5^2 = (x + 5)^2$.

Exemple 2 : Factorisation de l'expression $B = 4y^2 - 12y + 9$.
B comporte trois termes de signes différents. On met alors en évidence l'identité remarquable $a^2 - 2 \times a \times b + b^2 = (a - b)^2$ avec $a = 2y$ et $b = 3$: $B = (2y)^2 - 2 \times y \times 3 + 3^2 = (2y - 3)^2$.

Exemple 3 : Factorisation de l'expression $C = 5 - x^2$.
C est une différence de deux carrés. On met alors en évidence l'identité remarquable :
$a^2 - b^2 = (a + b)(a - b)$
avec $a = \sqrt{5}$ et $b = x$:
$C = \sqrt{5}^2 - x^2 = (\sqrt{5} + x)(\sqrt{5} - x)$.

À retenir

Un nombre positif a est égal au carré de sa racine carrée : $a = \sqrt{a}^2$.

• **Attention**, on ne peut pas factoriser toutes les expressions littérales. Ainsi, $D = 4 + 3x + x^2$ comporte trois termes précédés du signe « + ». On peut être tenté d'utiliser la première identité remarquable avec $a = 2$ et $b = x$. On aurait alors $(2 + x)^2 = 4 + 4x + x^2$, mais le double produit $4x$ n'est pas égal à $3x$. Donc $D \neq (2 + x)^2$.

Utiliser les identités remarquables

Sujet (d'après DNB Amérique du Nord, 2013)

1. Prouvez que $(\sqrt{5}-1)(\sqrt{5}+1)$ est un nombre entier
2. Prouvez que pour tout nombre x, $(4x-3)^2-9=4x(4x-6)$.
3. Julie propose la conjecture suivante :

« $(n+0{,}5)^2=n(n+1)+0{,}25$, avec n un nombre entier ».
Prouvez que la conjecture de Julie est vraie quel que soit le nombre n.

Avant de commencer

- Repérer les identités remarquables.
- Se rappeler que pour tout nombre positif x, on a $\sqrt{x}^2=x$.
- Connaître par cœur les trois identités remarquables.
Pour tous nombres réels a et b :

$a^2+2\times a\times b+b^2=(a+b)^2$

$a^2-2\times a\times b+b^2=(a-b)^2$

$a^2-b^2=(a+b)(a-b)$

- Pour démontrer une égalité entre deux membres, on peut démontrer que les deux membres sont égaux à un troisième membre.

→ **Repérez le produit de la différence par la somme :**

$(\sqrt{5}-1)(\sqrt{5}+1)=\sqrt{5}^2-1^2=5-1=4$. On a 4, un nombre entier.

Utilisez une identité remarquable et démontrez que les deux membres sont égaux à une même expression :

Pour tout nombre réel x on a :

$$\begin{aligned}(4x-3)^2-9 &= (4x)^2-2\times 4x\times 3+3^2-9\\ &= 16x^2-24x+9-9\\ &= 16x^2-24x.\end{aligned}$$

Les deux membres sont égaux à $16x^2-24x$. On a donc, pour tout nombre x $(4x-3)^2-9=4x(4x-6)$.

Utilisez une identité remarquable et démontrez que les deux membres sont égaux à une même expression :

Pour tout entier n, on a :

$(n+0,5)^2=n^2+2\times n\times 0,5+0,5^2=n^2+n+0,25.$

Les deux membres sont égaux à $n^2+n+0,25$.

On a donc pour tout entier n $(n+0,5)^2=n(n+1)+0,25$.

Sujet (DNB centres étrangers, juin 2009)

1. Développez $(x-1)^2$. Justifiez que $99^2 = 9\,801$ en utilisant le développement précédent.
2. Développez $(x-1)(x+1)$. Justifiez que $99\times 101 = 9\,999$ en utilisant le développement précédent.

Avant de commencer

- Repérer l'identité remarquable qu'il va falloir utiliser.
- Utiliser les résultats en remplaçant x par un nombre bien choisi.

Utilisez l'identité remarquable $a^2-2\times a\times b+b^2=(a-b)^2$:

$(x-1)^2=x^2-2x+1.$

En prenant $x=100$, on obtient :

$(100-1)^2=100^2-2\times 100+1=10\,000-200+1=9\,801.$

Utilisez l'identité remarquable $(a-b)(a+b)=a^2-b^2$:

$(x-1)(x+1)=x^2-1^2=x^2-1.$

En prenant $x=100$, on obtient :

$(100-1)(100+1)=100^2-1=10\,000-1=9\,999.$

Identités remarquables

MÉMO

THÈMES clés

Développements : fiche 9

Factorisations : fiche 10

DÉFINITIONS clés

Expression littérale : expression algébrique contenant une ou plusieurs lettres.

Distributivité : formule permettant de passer d'un produit de sommes à une somme de produits et vice-versa.

Développer : transformer un produit en une somme.

Réduire : rassembler les termes de la même nature.

Factoriser : transformer une somme en un produit.

FORMULES clés

$(a + b)^2 = a^2 + 2ab + b^2$.

$(a - b)^2 = a^2 - 2ab + b^2$.

$(a + b)(a - b) = a^2 - b^2$.

$k(a + b) = ka + kb$.

$(a + b)(c + d) = ac + ad + bc + bd$.

SCHÉMAS-BILANS

Distributivité simple et double

Distributivité

- Simple → $k(a + b) = ka + kb$
- Double → $(a + b)(c + d) = ac + ad + bc + bd$

Développer et/ou factoriser avec les identités remarquables

Identités remarquables

- Développement →

$$(a + b)^2 = a^2 + 2ab + b^2$$
$$(a - b)^2 = a^2 - 2ab + b^2$$
$$(a + b) \cdot (a - b) = a^2 - b^2$$

- Factorisation →

$$a^2 + 2ab + b^2 = (a + b)^2$$
$$a^2 - 2ab + b^2 = (a - b)^2$$
$$a^2 - b^2 = (a + b)(a - b)$$

Quiz-bilan

→ *Réponses au verso.*

1 Le résultat de $(3 + x)^2$ est :

a. ☐ $6 + 2x$ b. ☐ $9 + x^2$ c. ☐ $9 + 6x + x^2$

2 Le résultat de $(2 + 3x)^2$ est :

a. ☐ $4 + 9x^2$ b. ☐ $4 + 12x + 9x^2$ c. ☐ $4 + 6x$

3 Le résultat de $(x - 5)^2$ est :

a. ☐ $x^2 - 25$ b. ☐ $x^2 - 10x - 25$
c. ☐ $x^2 + 10x + 25$ d. ☐ $x^2 - 10x + 25$

4 Le résultat de $(2x - 11)^2$ est :

a. ☐ $4x^2 - 121$ b. ☐ $4x^2 - 44x + 121$
c. ☐ $4x^2 - 44x - 121$ d. ☐ $4x^2 + 44x + 121$

5 Le résultat de $(x - 7)(x + 7)$ est :

a. ☐ $x^2 - 14$ b. ☐ $x^2 - 14x + 49$
c. ☐ $x^2 + 14x + 49$ d. ☐ $x^2 - 49$

6 Le résultat de $(2x + 9)(2x - 9)$ est :

a. ☐ $4x^2 - 81$ b. ☐ $2x^2 - 81$ c. ☐ $4x^2 + 81$

7 Le résultat de $(5x - 3y)(5x + 3y)$ est :

a. ☐ $25x - 9y$ b. ☐ $25x^2 - 9y^2$ c. ☐ $25x^2 + 9y^2$

8 La forme factorisée de l'expression $x^2 + 6x + 9$ est :

a. ☐ $(x - 3)(x + 3)$ b. ☐ $(x + 2)^2$
c. ☐ $(x + 3)^2$ d. ☐ $(x - 3)^2$

9 **La forme factorisée de l'expression $25x^2 - 10x + 1$ est :**

a. ☐ $(5x + 1)^2$ b. ☑ $(1 - 5x)^2$ c. ☐ $(5x - 1)(5x + 1)$

10 **La forme factorisée de l'expression $x^2 - 144$ est :**

a. ☑ $(x + 12)(x - 12)$ b. ☐ $(x - 12)^2$ c. ☐ $(x + 12)^2$

11 **La forme factorisée de l'expression $9x^2 - 1$ est :**

a. ☐ $(3x - 1)^2$ b. ☑ $(3x - 1)(3x + 1)$ c. ☐ $(3x + 1)^2$

12 **$101 \times 99 = ?$**

a. ☐ $10^2 + 1^2$ b. ☐ $1^2 - 10^2$ c. ☑ $10^2 - 1^2$

13 **Dans l'égalité $(x + \ldots)^2 = x^2 + 24x + 144$, le nombre manquant est :**

a. ☐ 24 b. ☑ 12 c. ☐ 6

14 **Dans l'égalité $(5x + \ldots)(5x - \ldots) = 25x^2 - 169$, le nombre manquant est :**

a. ☐ 169 b. ☑ 13 c. ☐ 26

15 **$(8z - 9)(8z + 9) = ?$**

a. ☑ $16z^2 - 81$ b. ☐ $16z^2 - 18$ c. ☐ $64z^2 - 18$

16 **La forme factorisée de $25z^2 - 144$ est :**

a. ☐ $(5z - 12)^2$ b. ☑ $(5z - 12)(5z + 12)$ c. ☐ $(5z + 12)^2$

4 fautes -

Réponses :

1 c - 2 b - 3 d - 4 b - 5 d - 6 a - 7 b - 8 c - 9 b - 10 a - 11 b - 12 c - 13 b - 14 b - 15 a - 16 b.

Équations

FICHE 14

1 Équations du premier degré

a. Équation du type $ax = b$

- Si $a = 0$ et $b \neq 0$, alors l'équation n'admet **pas de solutions**.
- Si $a = 0$ et $b = 0$, alors l'équation admet une **infinité** de solutions.
- Si $a \neq 0$, alors l'équation admet pour solution $\frac{a}{b}$.

À retenir

Pour « éliminer » le coefficient devant x, on divise par celui-ci les deux membres de l'équation.

b. Équation du type $x + a = b$

La solution de l'équation $x + a = b$ est $b - a$.

À retenir

Si l'on additionne ou soustrait le même nombre aux deux membres, on obtient une équation qui a les mêmes solutions.

c. Équation du premier degré

Pour résoudre une équation du premier degré, on doit :

1. développer les produits s'il y en a ;
2. regrouper les termes en x d'un côté et les autres termes de l'autre côté ;
3. effectuer les calculs pour se ramener à une équation du type $ax = b$;
4. résoudre l'équation obtenue.

Exemple 1 : Résolution de $3x + 4 = 8x - 2$.
On regroupe les termes en x à gauche : $3x - 8x = -2 - 4$.
On effectue les calculs : $-5x = -6$.
On résout l'équation : $-5 \neq 0$ donc $x = \frac{-6}{-5} = \frac{6}{5}$.
Donc $\frac{6}{5}$ est la solution.

Exemple 2 : Résolution de $2(x + 1) = 3$.
On développe le produit : $2x + 2 = 3$.
On regroupe les termes : $2x = 3 - 2$.
On effectue le calcul : $2x = 1$.
On résout l'équation $x = \frac{1}{2}$.
Donc $\frac{1}{2}$ est la solution.

2 Équation du type $x^2 = a$

À retenir

Si $a > 0$, il ne faut pas oublier qu'il y a **deux solutions distinctes**.

- Si $a < 0$, alors il n'y a pas de solution.
- Si $a = 0$, alors 0 est l'unique solution.
- Si $a > 0$, alors il y a deux solutions $\sqrt{a}$ **et** $-\sqrt{a}$

Exemple 1 : Résolution de $x^2 = 8$.
$8 > 0$, l'équation admet deux solutions $\sqrt{8}$ **et** $-\sqrt{8}$.

Exemple 2 : Résolution de $x^2 = -16$.
$-16 < 0$, cette équation n'admet pas de solution.

3 Équations produits

À retenir

Une équation produit est un **produit** de facteurs nuls.

- Une **équation produit** est de la forme $(ax + b)(cx + d) = 0$ où a, b, c et d sont des nombres réels.
- Si un produit de deux facteurs est nul, alors l'un des deux facteurs, **au moins**, est nul.

Exemple : Résolution de $(3x + 5)(x - 2) = 0$.
Il s'agit d'une équation produit, alors l'un des facteurs au moins est nul.
$3x + 5 = 0$ **ou** $x - 2 = 0$
$x = \dfrac{-5}{3}$ ou $x = 2$
Les solutions sont donc $\dfrac{-5}{3}$ **et** 2.

Résoudre une équation

Sujet (d'après DNB Polynésie, septembre 2012)

On donne le programme de calcul suivant :

- Choisissez un nombre.
- Ajoutez lui 1.
- Calculez le carré de cette somme.
- Enlevez 16 au résultat obtenu.

1. Si le nombre de départ est x, vérifiez que $P = x^2 + 2x - 15$.
2. Vérifiez que $(x - 3)(x + 5) = P$.
3. Résolvez l'équation $P = 0$. Justifiez votre réponse.

Avant de commencer

▶ Traduire chacune des étapes du programme de calcul en utilisant des expressions littérales, puis développer l'expression finale.

▶ Développer le membre de gauche pour **prouver l'égalité à P.**

▶ Utiliser les résultats sur les équations produits pour **résoudre l'équation $P = 0$.**

→ Traduisez le programme du calcul :

Étape 1 : on choisit x.
Étape 2 : on lui ajoute 1, donc on a $x + 1$.
Étape 3 : on calcule le carré de cette somme :
$(x + 1)^2 = x^2 + 2x + 1$.

Étape 4 : on enlève 16 au résultat : $x^2 + 2x + 1 - 16 = x^2 + 2x - 15$
On a bien $P = x^2 + 2x - 15$.

→ Développez $(x - 3)(x + 5)$ pour prouver l'égalité à P :

$(x - 3)(x + 5) = x^2 + 5x - 3x - 15 = x^2 + 2x - 15 = P$.

→ Si un produit de deux facteurs est nul, alors l'un des deux facteurs, au moins, est nul :

$P = 0 \Leftrightarrow (x - 3)(x + 5) = 0 \Leftrightarrow x - 3 = 0$ ou $x + 5 = 0 \Leftrightarrow x = 3$ ou $x = -5$.

Les solutions de l'équation P = 0 sont 3 et −5.

Sujet (d'après DNB Asie, juin 2013)

Résolvez l'équation $(x + 5)^2 = 25$.

Avant de commencer

- Pour résoudre une équation, il faut soit utiliser les équations de référence du cours, soit factoriser l'expression obtenue.
- Il ne faut pas redévelopper l'expression pour résoudre une équation.

→ Transformez l'équation en une équation du type A = 0 :

On a $(x + 5)^2 = 25 \Leftrightarrow (x + 5)^2 - 25 = 0$.

→ Factorisez le membre de gauche en utilisant une identité remarquable :

On repère une différence de deux nombres au carré, on a donc :
$(x + 5)^2 - 25 = (x + 5)^2 - 5^2 = (x + 5 - 5)(x + 5 + 5) = x(x + 10)$.

→ Résolvez une équation produit :

$(x + 5)^2 - 25 = 0 \Leftrightarrow x(x + 10) = 0$.

Un produit de deux facteurs est nul, si l'un des deux facteurs, **au moins**, est nul.

$x(x + 10) = 0 \Leftrightarrow x = 0$ ou $x + 10 = 0 \Leftrightarrow x = 0$ ou $x = -10$.

Les solutions de l'équation sont 0 et −10.

Inégalités et inéquations

FICHE 16

1 Inégalités

À retenir

Les inégalités **strictes** sont de la forme $a < b$ ou $a > b$.
Les inégalités **larges** sont de la forme $a \geq b$ ou $b \leq a$.

• On **ne change pas** le sens d'une inégalité (stricte ou large) **si l'on ajoute ou si l'on soustrait un même nombre aux deux membres**.
Par exemple, pour tous nombres a, b et c, si $a < b$, alors $a + c < b + c$.

• On **ne change pas** le sens d'une inégalité (stricte ou large) **si l'on multiplie ou si l'on divise les deux membres par un même nombre strictement positif**.
Par exemple, pour tous nombres a, b et c avec $c > 0$, si $a > b$, alors $ac > bc$.

• On **change** le sens d'une inégalité (stricte ou large) **si l'on multiplie ou si l'on divise les deux membres par un même nombre strictement négatif**.
Par exemple, pour tous nombres a, b et c avec $c < 0$, si $a \geqslant b$, alors $\frac{a}{c} \leqslant \frac{b}{c}$.

2 Inéquation du premier degré à une inconnue

a. Vocabulaire

• **Résoudre une inéquation**, c'est trouver toutes les valeurs d'une inconnue qui vérifient l'inégalité proposée.

• La ou les valeurs sont les **solutions** de l'inéquation.

b. Résolution

• Pour résoudre une inéquation d'inconnue x, on doit :
1. développer les produits s'il y en a ;
2. regrouper les termes en x d'un côté et les autres de l'autre côté ;
3. effectuer et simplifier les calculs, pour obtenir une inéquation du type $ax > b$ ou $ax < b$ ou $ax \leqslant b$ ou $ax \geqslant b$;
4. diviser les deux membres par le coefficient devant x. Si $a > 0$, pas de changement de sens de l'inégalité. Si $a < 0$, changement du sens de l'inégalité ;
5. donner la ou les solutions.

Exemple : Résolution de $3(x + 5) \leqslant 8x$.
On développe les produits : $3x + 15 \leqslant 8x$.
On regroupe les termes en x à gauche : $3x - 8x \leqslant -15$.
On effectue et simplifie les calculs : $-5x \leqslant -15$.
On divise les deux membres par -5. $-5 < 0$, donc changement du sens de l'inégalité : $x \geqslant \frac{-15}{-5}$, soit $x \geqslant 3$.
Tous les nombres supérieurs ou égaux à 3 sont donc les solutions de l'inéquation.

c. Représentation graphique

- On représente les solutions d'une inéquation sur une droite graduée par **une zone colorée ou hachurée et un crochet**.
- Le crochet est tourné vers les solutions si le nombre correspondant fait partie des solutions.
- Le crochet est tourné vers l'extérieur si le nombre correspondant ne fait pas partie des solutions.

Exemple 1 : Représentation en rouge des solutions de $x > -2$. Or, -2 ne fait pas partie des solutions ; le crochet est tourné vers l'extérieur.

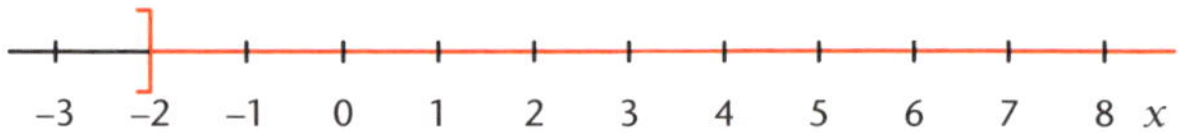

Exemple 2 : Représentation en vert des solutions de $x \leqslant 5$.
5 fait partie des solutions ; le crochet est tourné vers les solutions.

Résoudre une inéquation

Sujet (d'après DNB Nouvelle-Calédonie, mars 2011)

Une famille étudie deux tarifs d'électricité qui lui sont proposés :

	Tarif 1	Tarif 2
Abonnement mensuel (en CFP)	0	3 600
Prix par kWh distribué (en CFP)	24	14

1. Si cette famille consomme 300 kWh en un mois, calculez le coût du tarif 1, puis celui du tarif 2.
2. Déterminez à partir de combien de kWh consommé en un mois le tarif 2 est plus avantageux que le tarif 1.

Avant de commencer

▶ Il ne faut pas oublier que l'abonnement mensuel est payé chaque mois !

▶ Il faut obtenir les tarifs en fonction de la consommation. Pour cela, on choisit une inconnue qui va représenter la consommation et on traduit les données de l'énoncé.

→ Utilisez les données de l'énoncé :

La famille consomme 300 kWh en un mois.
Avec le tarif 1, elle va payer $24 \times 300 = 7\,200$ CFP.
Avec le tarif 2, elle va payer $3\,600 + 14 \times 300 = 7\,800$ CFP.

→ Choisissez une inconnue désignant la consommation de la famille en un mois, puis calculez en fonction de cette inconnue le tarif 1 et le tarif 2 :

Soit x le nombre de Kwh consommé par la famille en un mois.

Coût du tarif 1 = $24x$.
Coût du tarif 2 = 3 600 + $14x$.

➜ Traduisez « le tarif 2 est plus avantageux que le tarif 1 » par une inéquation :

Tarif 2 < Tarif 1 donc $3\,600 + 14x < 24x \Leftrightarrow 3\,600 < 24x - 14x \Leftrightarrow 3\,600 < 10x \Leftrightarrow x > 3\,600$.
C'est à partir de 360 kWh par mois que le tarif 2 est plus avantageux que le tarif 1 pour la famille.

Sujet (d'après DNB centres étrangers, juin 2013)

Résolvez l'inéquation $-2(x + 7) \leqslant -16$.

Avant de commencer

► Il faut toujours développer le membre de gauche et le membre de droite avant de commencer la résolution.

➜ Distribuez le facteur – 2 dans le membre de gauche :

$-2x - 2 \times 7 \leqslant -16 \Leftrightarrow -2x - 14 \leqslant -16$.

➜ Regroupez les termes en x d'un côté et les nombres connus de l'autre :

$-2x \leqslant -16 + 14 \Leftrightarrow -2x \leqslant -2$.

➜ Divisez par le coefficient devant x, si celui-ci est négatif, l'inégalité changera de sens :

$$-2x \leqslant -2 \underset{-2<0}{\Leftrightarrow} x \geqslant -\frac{2}{-2} = 1.$$

➜ Concluez :

Tous les nombres supérieurs ou égaux à 1 sont les solutions de l'inéquation.

Système de deux équations à deux inconnues

FICHE 18

1 Vocabulaire

- Soient *a, b, c, d, e* et *f* des nombres réels.
- $\begin{cases} ax+by=c \\ dx+ey=f \end{cases}$ est un **système de deux équations du premier degré à deux inconnues** : x et y.
- Un couple $(x\ ;\ y)$ est **solution** du système s'il vérifie **simultanément** les deux égalités du système.

À retenir

Ne pas intervertir x et y lorsque l'on donne la solution.

- Résoudre un système de deux équations du premier degré à deux inconnues, c'est trouver tous les couples $(x\ ;\ y)$ qui vérifient **simultanément** les deux égalités du système.

Exemple : $\begin{cases} x+y=1 \\ x-y=1 \end{cases}$ est un système de deux équations à deux inconnues x et y.
Le couple (1 ; 0) est solution du système. En effet, 1 + 0 = 1 et 1 – 0 = 1. Les deux égalités sont satisfaites.

2 Méthode par combinaison

- On transforme le système de manière à avoir des **coefficients opposés pour l'une des deux inconnues dans les deux équations.**

À retenir

Pour transformer l'une des équations du système, on multiplie les deux membres par le même coefficient.

- **On ajoute alors membre à membre les deux équations** et on obtient la valeur de l'une des deux inconnues. Il suffit de remplacer l'inconnue par cette valeur pour obtenir la seconde inconnue.

Exemple : Résolution par combinaison du système $\begin{cases} 2x+3y=12 \\ 6x+y=20 \end{cases}$

$$\begin{matrix} \times 1 \\ \times (-3) \end{matrix} \begin{cases} 2x+3y=12 \\ 6x+y=20 \end{cases} \text{ devient } \begin{cases} 2x+3y=12 \\ -18x-3y=-60 \end{cases}$$

Après addition membre à membre, on obtient : $-16x = -48$

d'où $x = \frac{-48}{-16} = 3$.

On remplace dans la première équation : $2 \times 3 + 3y = 12$ d'où $3y = 12 - 6$.

$3y = 6$ donc $y = 2$.

Vérification :

$$\begin{cases} 2 \times 3 + 3 \times 2 = 6 + 6 = 12 \\ 6 \times 3 + 2 = 18 + 2 = 20 \end{cases}.$$

À retenir

Une fois que l'on a obtenu un couple candidat, il faut vérifier les résultats avant de conclure.

Conclusion : (3 ; 2) est la solution du système.

3 Méthode par substitution

• **On exprime l'une des inconnues en fonction de l'autre** à l'aide de l'une des deux équations du système. Puis, **on substitue celle-ci dans l'autre équation**. On obtient alors une équation à une inconnue que l'on sait résoudre. **On obtient la seconde inconnue en remplaçant la précédente par sa valeur dans l'une des deux équations du système.**

Exemple : Résolution par substitution du système suivant :

$$\begin{cases} -2x + y = 5 \\ 3x + 2y = 17 \end{cases}.$$

On exprime y en fonction de x à l'aide de la première équation : $y = 5 + 2x$.

On remplace y par $5 + 2x$ dans la seconde équation : $3x + 2(5 + 2x) = 17$.

Donc $3x + 10 + 4x = 17$, c'est-à-dire $7x = 7$ d'où $x = 1$.

On remplace x par 1 dans la première équation : $-2 \times 1 + y = 5$, donc $-2 + y = 5$ d'où $y = 2 + 5 = 7$.

Vérification : $\begin{cases} -2 \times 1 + 7 = -2 + 7 = 5 \\ 3 \times 1 + 2 \times 7 = 3 + 14 = 17 \end{cases}.$

Conclusion : Le couple (1 ; 7) est la solution du système.

Résoudre un problème en utilisant un système de deux équations à deux inconnues

Sujet (DNB Amérique du Nord, juin 2013)

Arthur vide sa tirelire et constate qu'il possède 21 billets.
Il a des billets de 5 € et des billets de 10 € pour une somme totale de 125 €.
Combien de billets de chaque sorte possède-t-il ?

Avant de commencer

- Choisir des inconnues.
- Traduire chaque phrase de l'énoncé par une équation en utilisant les inconnues précédentes.
- Résoudre le système obtenu en utilisant soit la méthode par substitution, soit la méthode des combinaisons.

Choisissez des inconnues :

Soit x le nombre de billets de 5 €.
Soit y le nombre de billets de 10 €.

Traduisez le problème en équations :

« Il possède 21 billets » se traduit par : $x + y = 21$.
« Il a des billets de 5 € et des billets de 10 € pour une somme totale de 125 € » se traduit par : $5x + 10y = 125$.
Résoudre le problème revient à résoudre le système suivant :

$$\begin{cases} x + y = 21 \\ 5x + 10y = 125 \end{cases}$$

Résolvez le système par substitution :

On exprime l'une des inconnues en fonction de l'autre à l'aide de l'une des deux équations du système. Puis, on substitue celle-ci dans l'autre équation :

$$\begin{cases} y = 21 - x \\ 5x + 10(21 - x) = 125 \end{cases}.$$

On obtient alors une équation à une inconnue que l'on sait résoudre.

$$5x + 10(21 - x) = 125 \Leftrightarrow 5x + 10 \times 21 - 10x = 125$$

$$\Leftrightarrow -5x = 125 - 210 \Leftrightarrow -5x = -85 \Leftrightarrow x = \frac{-85}{-5} = 17.$$

On obtient la seconde inconnue en remplaçant la précédente par sa valeur dans l'une des deux équations du système :
$17 + y = 21 \Leftrightarrow y = 21 - 17 = 4$.

Vérification : On a bien 4 + 17 = 21 et 5 × 17 + 10 × 4 = 85 + 40 = 125.

Conclusion : La solution du système est le couple (17 ; 4). Donc Arthur possède 17 billets de 5 € et 4 billets de 10 €.

Résolvez le système par combinaisons :

On transforme le système de manière à avoir des coefficients opposés pour l'une des deux inconnues dans les deux équations : $\begin{cases} x + y = 21 & \times(-5) \\ 5x + 10y = 125 & \times 1 \end{cases}$

On ajoute alors membre à membre les deux équations :

$$5y = 20 \Leftrightarrow y = \frac{20}{5} = 4.$$

Il suffit de remplacer l'inconnue par cette valeur dans l'une des deux équations du système de départ pour obtenir la seconde inconnue : $x + 4 = 21 \Leftrightarrow x = 21 - 4 = 17$.

Vérification : On a bien 4 + 17 = 21 et 5 × 17 + 10 × 4 = 85 + 40 = 125.

Conclusion : La solution du système est le couple (17 ; 4). Donc Arthur possède 17 billets de 5 € et 4 billets de 10 €.

BILAN

Calcul littéral

FICHE 20

MÉMO

THÈMES clés

Résolution d'équations du premier degré : fiche 14

Résolution d'une équation produit : fiche 14

Résolution d'une inéquation : fiche 16

Résolution d'un système de deux équations à deux inconnues : fiche 18

DÉFINITIONS clés

Résoudre une équation : trouver la ou les valeurs de l'inconnue vérifiant l'équation.

Méthode par substitution : on exprime l'une des inconnues en fonction de l'autre à l'aide de l'une des deux équations du système. Puis on substitue celle-ci dans l'autre équation.

Méthode par combinaison : on transforme le système pour avoir des coefficients opposés pour l'une des deux inconnues dans les deux équations. On ajoute alors membre à membre les deux équations, on obtient la valeur de l'une des deux inconnues. Il suffit de remplacer l'inconnue par cette valeur pour obtenir la seconde inconnue.

FORMULES clés

Si $AB = 0$, alors $A = 0$ ou $B = 0$.

$ax + b = c \Leftrightarrow x = \frac{c - b}{a}$.

SCHÉMAS-BILANS

Résolution d'une équation

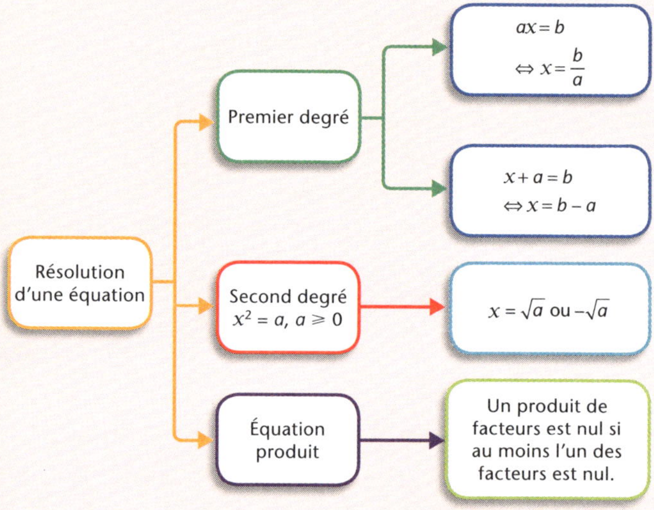

Résolution d'un système

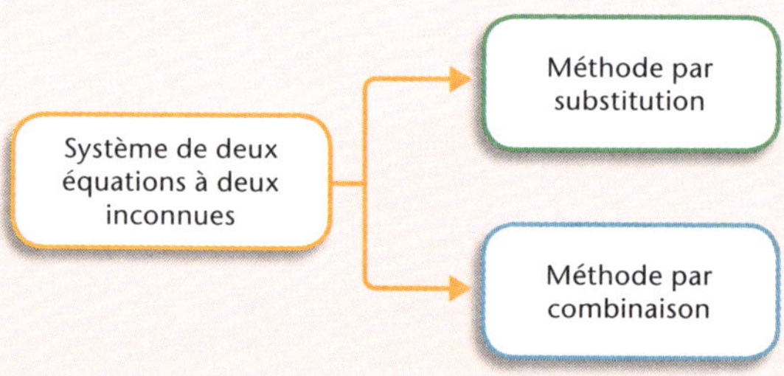

Quiz-bilan

→ *Réponses au verso.*

1 La solution de l'équation $x - 8 = 10$ est :

a. ☐ 18 b. ☐ 2 c. ☐ –2

2 L'équation $x + 3 = x - 4$ admet :

a. ☐ 7 pour solution b. ☐ aucune solution

c. ☐ –7 pour solution

3 $2x = \frac{4}{5}$ admet pour solution :

a. ☐ 0,4 b. ☐ 0,2 c. ☐ 0,8

4 $2(2x - 5) = 3$ admet pour solution :

a. ☐ $-\frac{7}{4}$ b. ☐ 2 c. ☐ $\frac{13}{4}$

5 $(5 - x)(5 + x) = 0$ admet pour solution :

a. ☐ 5 b. ☐ –5 c. ☐ 5 et –5

6 L'équation $(x - 2)(3x + 5) = 0$ admet pour solutions :

a. ☐ 2 et $\frac{5}{3}$ b. ☐ – 2 et $-\frac{5}{3}$ c. ☐ 2 et $-\frac{5}{3}$

7 L'équation $x^2 = -3$ admet :

a. ☐ deux solutions b. ☐ une seule solution

c. ☐ aucune solution

8 L'équation $x^2 = 36$ admet :

a. ☐ 6 pour solution b. ☐ 6 et –6 pour solutions

c. ☐ –6 pour solution

9 **Si $-3x < 12$, alors :**

a. ☐ $x < -4$
b. ☐ $x > -4$
c. ☐ $x < 4$
d. ☐ $x > 4$

10 **Les solutions de l'inéquation $5x < x + 8$ sont :**

a. ☐ tous les nombres supérieurs à 2
b. ☐ tous les nombres inférieurs à 2

11 **Le couple (– 1 ; 2) est solution de l'équation :**

a. ☐ $x + y = -1$
b. ☐ $x + 2y = 3$
c. ☐ $x - 2y = -3$

12 **Le système** $\begin{cases} x + y = 5 \\ 2x - 3y = -10 \end{cases}$ **admet pour solution le couple :**

a. ☐ (1 ; 4)
b. (4 ; 1)
c. (1 ; – 4)

13 **L'équation $(z - 3)^2 = 25$ admet pour solutions :**

a. ☐ 5 et –5
b. ☐ 5 ou –5
c. ☐ 8 et –2
d. ☐ 8 ou –2

14 **L'équation $(2z + 6)(z - 2) = 0$ admet pour solutions :**

a. ☐ –2 et 3
b. ☐ –2 ou 3
c. ☐ 2 ou –3
d. ☐ 2 et –3

15 **Les solutions de l'inéquation $z + 6 > 4z$ sont :**

a. ☐ tous les nombres strictement supérieurs à 2.
b. ☐ tous les nombres strictement inférieurs à 2.
c. ☐ tous les nombres strictement supérieurs à –2.
d. ☐ tous les nombres strictement inférieurs à –2.

Réponses :

1 a – 2 b – 3 a – 4 c – 5 c – 6 c – 7 c un carré est toujours positif – 8 b – 9 b – 10 b – 11 b – 12 a – 13 c – 14 d – 15 b.

Théorème de Pythagore et sa réciproque

FICHE 22

1 Vocabulaire

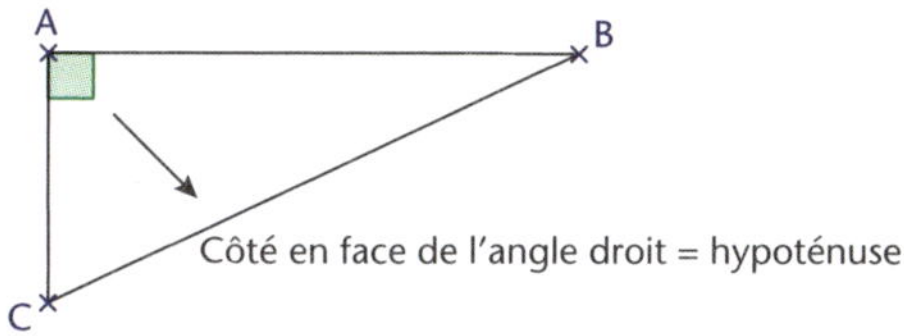

Dans un triangle ABC rectangle en A, l'**hypoténuse** est le côté en face de l'angle droit, ici [BC]. Les autres côtés [AC] et [BA] sont les **côtés de l'angle droit**.

2 Énoncé du théorème de Pythagore

- Dans un triangle **rectangle**, le carré de l'hypoténuse est égal à la somme des carrés des côtés de l'angle droit.

À retenir

Le **théorème de Pythagore** ne s'applique qu'aux **triangles rectangles**.

- Autre formulation :

Si le triangle ABC est **rectangle** en **A**, alors $BC^2 = BA^2 + AC^2$.

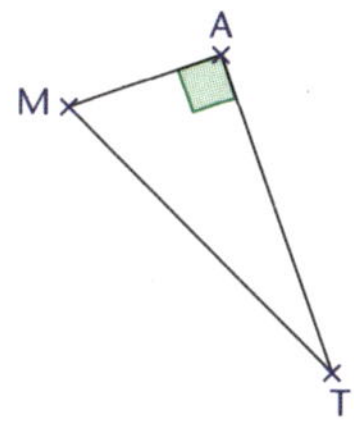

Exemple : MAT est rectangle en A, l'hypoténuse est [MT]. D'après le théorème de Pythagore, on a $MT^2 = MA^2 + AT^2$.

3 Utilités

a. Calculer la longueur de l'hypoténuse d'un triangle rectangle

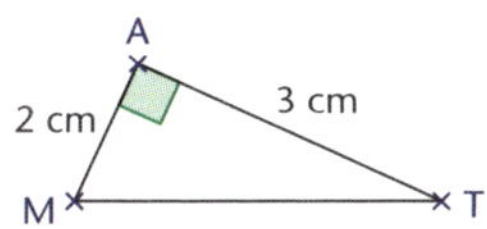

Pour calculer la longueur MT du triangle **rectangle** ci-contre, on applique **le théorème de Pythagore**.
On a alors $MT^2 = MA^2 + AT^2$.
On remplace par les valeurs connues : $MT^2 = 2^2 + 3^2$.
D'où $MT^2 = 4 + 9 = 13$.
Donc $MT = \sqrt{13} \approx 3{,}6$ cm.

À retenir

Pour éliminer le carré, on utilise la racine carrée. Il faut utiliser la touche $\sqrt{\ }$ de la calculatrice.

b. Calculer la longueur d'un côté adjacent à l'angle droit d'un triangle rectangle

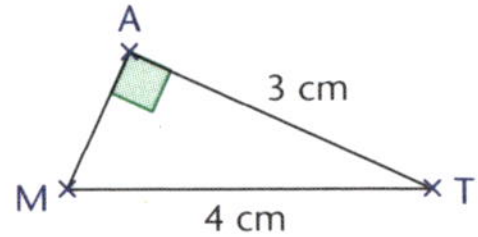

Pour calculer la longueur MA du triangle **rectangle** ci-contre, on applique **le théorème de Pythagore**. On a alors $MT^2 = MA^2 + AT^2$. On remplace par les valeurs connues : $4^2 = MA^2 + 3^2$, d'où $16 = MA^2 + 9$. On a $MA^2 = 16 - 9 = 5$, d'où $MA = \sqrt{5} \approx 2{,}2$ cm.

c. Prouver qu'un triangle n'est pas un triangle rectangle

Si le carré du côté le plus long d'un triangle n'est pas égal à la somme des carrés des deux autres côtés, alors ce triangle n'est pas rectangle.

Exemple : REC est un triangle tel que RC = 4 cm, CE = 6 cm et ER = 5 cm. Est-il rectangle ?
Le côté le plus long est [CE].
On a $CE^2 = 6^2 = 36$ et
$CR^2 + RE^2 = 4^2 + 5^2$
$= 16 + 25$
$= 41.$
Donc $CE^2 \neq CR^2 + RE^2$.
Le carré du côté le plus long n'est pas égal à la somme des carrés des deux autres côtés ; le triangle n'est donc pas rectangle.

À retenir

Le terme **hypoténuse** est réservé aux triangles rectangles.

4 Réciproque du théorème de Pythagore

- Si, dans un triangle, le carré du plus grand côté est égal à la somme des carrés des deux autres côtés, alors ce triangle est rectangle et a pour hypoténuse le plus grand côté.
- Autre formulation : si, dans un triangle ABC, on a $BC^2 = BA^2 + AC^2$, alors le triangle ABC est rectangle en A.

Cette réciproque a une seule utilité : prouver qu'un triangle est un triangle rectangle !

Exemple : ABC est un triangle tel que AB = 5 cm, AC = 12 cm et BC = 13 cm. ABC est rectangle en A.
Le côté le plus long est [BC]. Si l'on calcule séparément BC^2 et $BA^2 + AC^2$, on obtient :
$BC^2 = 13^2 = 169$ et $BA^2 + AC^2 = 5^2 + 12^2 = 25 + 144 = 169$.
On a $BC^2 = BA^2 + AC^2$, d'après la réciproque du théorème de Pythagore, le triangle ABC est donc rectangle en A.

Exercice commenté pas à pas

Donner la nature du triangle

Sujet (extrait DNB Nouvelle-Calédonie, décembre 2013)

Sur le dessin ci-contre, les points A, B et E sont alignés. C est le milieu de [BD].

1. Quelle est la nature du triangle ABC ? Justifiez votre réponse.
2. Déduisez-en la nature du triangle BDE.

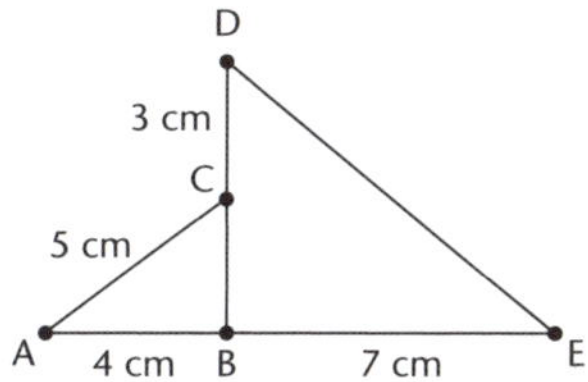

Avant de commencer

► Donner la nature d'un triangle, c'est indiquer s'il est équilatéral, isocèle, rectangle ou quelconque.

► Pour démontrer qu'un triangle ABC dont on connaît les longueurs est rectangle ou pas, il faut suivre cet organigramme :

On calcule **séparément** le carré du côté le plus long et la somme des carrés des deux autres côtés.

Cas 1 : égalité, d'après la réciproque du théorème de Pythagore, le triangle est rectangle.

Cas 2 : inégalité, d'après le théorème de Pythagore, le triangle n'est pas rectangle.

Complétez et codez la figure en utilisant les données de l'énoncé :

C est le milieu de [BD], donc BC = CD = 3.

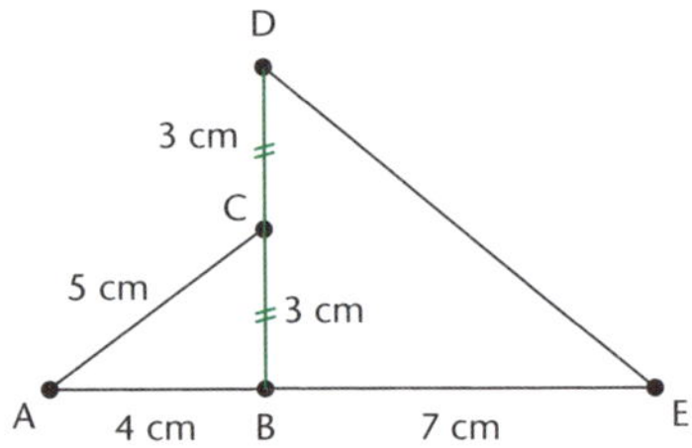

Reperez le côté le plus long du triangle ABC et calculez son carré :

[AC] est le côté le plus long. On a $AC^2 = 5^2 = 25$.

Calculez séparément la somme des carrés des 2 autres côtés :

$AB^2 + BC^2 = 4^2 + 3^2 = 16 + 9 = 25$.

Comparez les résultats et concluez :

Il y a égalité puisqu'on a $AC^2 = AB^2 + BC^2$. D'après la réciproque du théorème de Pythagore, le triangle ABC est donc rectangle en B.

Quand une question commence par « en déduire », c'est que la réponse doit utiliser ce qui précède :

Le triangle ABC est rectangle en B. Les droites (AB) et (BC) sont donc perpendiculaires.
Ainsi, si les points A, B et E sont alignés, les droites (AB) et (BE) sont confondues. De la même manière, les droites (BC) et (BD) aussi.
Les droites (BD) et (BE) sont donc perpendiculaires, le triangle BDE est rectangle en B.

Théorème de Thalès et sa réciproque

FICHE 24

1 Théorème de Thalès

a. Énoncé

- Soient (d) et (d') deux droites sécantes en A. B et M deux points distincts de (d), C et N deux points distincts de (d').

À retenir

Pour appliquer le **théorème de Thalès, les droites doivent être parallèles.**

- Si (BC) est parallèle à (MN), alors $\frac{AM}{AC} = \frac{AN}{AB} = \frac{MN}{BC}$.

Configuration dite « papillon »

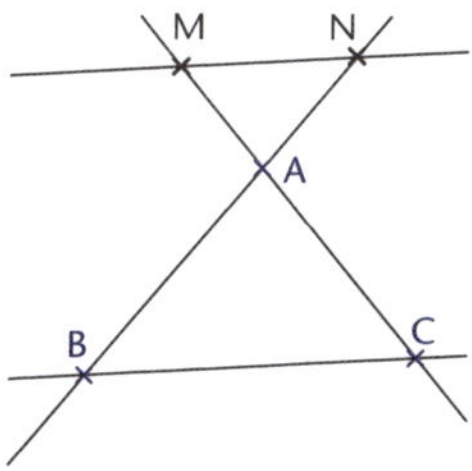

Configuration triangle

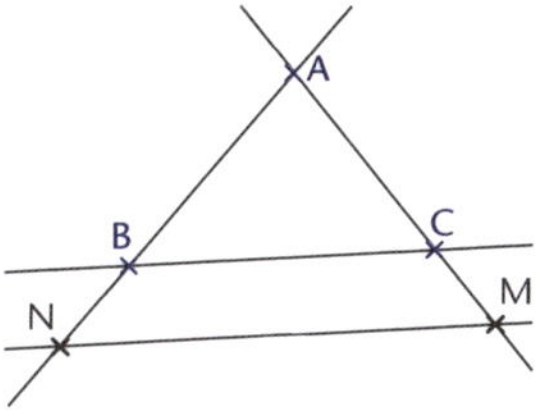

b. Utilités

- **Calculer des longueurs** :

(CN) et (MA) sont parallèles.
AB = 2,4 cm, BM = 1,9 cm, BC = 2 cm et NC = 2,5 cm

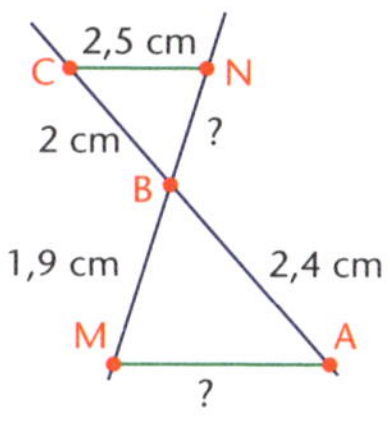

(CN) et (MA) sont parallèles, d'après le théorème de Thalès : $\frac{BA}{BC} = \frac{BM}{BN} = \frac{AM}{CN}$.

On remplace $\frac{2,4}{2} = \frac{1,9}{BN} = \frac{AM}{2,5}$.

On a donc $AM = 2,5 \times \frac{2,4}{2}$, soit AM = 3 cm.

$\frac{1,9}{BN} = \frac{2,4}{2}$ donc $\frac{BN}{1,9} = \frac{2}{2,4}$ soit $BN = 1,9 \times \frac{2}{2,4} \approx 1,6$ cm.

À retenir

Pour obtenir une longueur manquante, il faut utiliser le **produit en croix**.

- **Prouver que deux droites ne sont pas parallèles :**

AB = 3,7 cm, AC = 4,2 cm, M ∈ (AB), AM = 4,8 cm, N ∈ (AC) et AN = 5,6 cm.

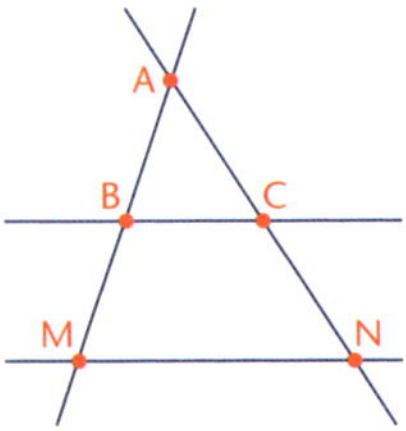

On compare $\frac{AM}{AB}$ et $\frac{AN}{AC}$.

$\frac{AM}{AB} = \frac{48}{37}$ et $\frac{AN}{AC} = \frac{56}{42} = \frac{4}{3}$. On a $\frac{48}{37} \neq \frac{4}{3}$.

Si (BC) et (MN) étaient parallèles, en appliquant le théorème de Thalès, on aurait $\frac{AM}{AB} = \frac{AN}{AC}$. Or, ce n'est pas le cas ! Les droites (BC) et (MN) ne sont donc pas parallèles.

2 Réciproque

- Étant donné deux droites (*d*) et (*d'*) sécantes en A, B et M, deux points de (*d*) distincts de A, C et N deux points de (*d'*) distincts de A.
- Si les points A, B, M et A, C, N sont dans le même ordre et si $\frac{AM}{AB} = \frac{AN}{AC}$, alors les droites (BC) et (MN) sont parallèles.

Exemple 1 : AB = 35 m ; AC = 21 m ; AM = 40 m et AN = 24 m.

Les points ABM et ACN sont **alignés dans le même ordre**.

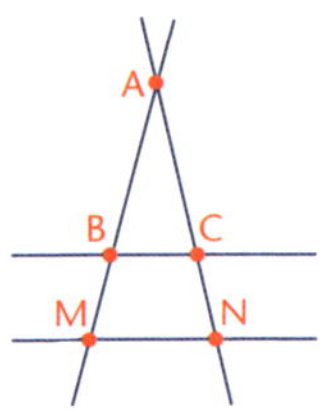

$\frac{AM}{AB} = \frac{40}{35} = \frac{8}{7}$ et $\frac{AN}{AC} = \frac{24}{21} = \frac{8}{7}$ donc $\frac{AM}{AB} = \frac{AN}{AC}$.

On peut conclure, par la réciproque du théorème de Thalès, que (BC) et (MN) sont parallèles.

Exemple 2 : Ici, les points AMB et ANC ne sont pas alignés dans le même ordre, on ne pourra pas appliquer la réciproque.

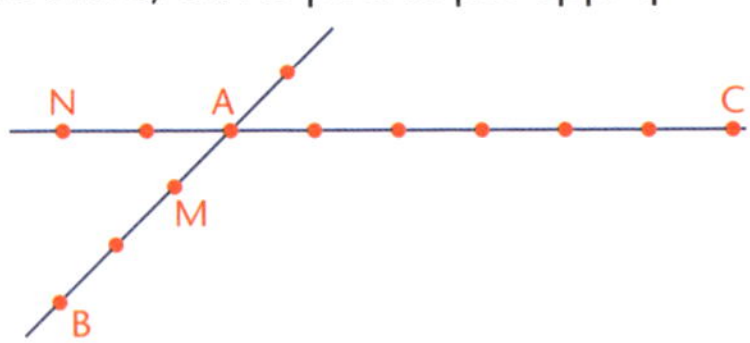

Étudier l'éventuel parallélisme

Sujet (extrait DNB centres étrangers, juin 2011)

Un centre nautique souhaite effectuer une réparation sur une voile. La voile a la forme du triangle PMW ci-contre.
On souhaite faire une couture suivant le segment [CT].
Une fois la couture terminée, on mesure PT = 1,88 m et PW = 2,30 m.
La couture est-elle parallèle à (MW) ?

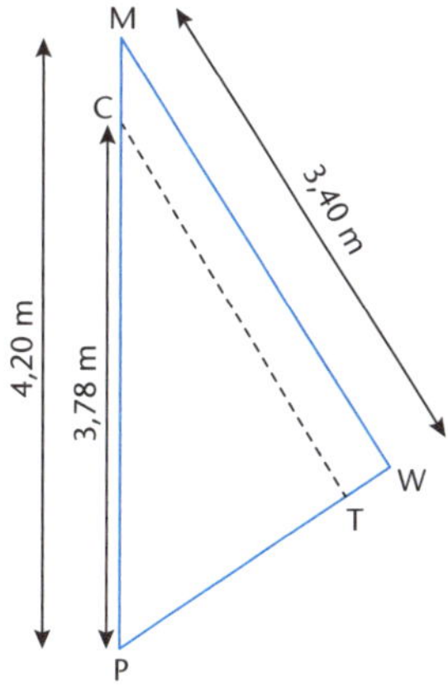

Avant de commencer

► Il faut toujours suivre l'organigramme ci-après pour une question sur un éventuel parallélisme.

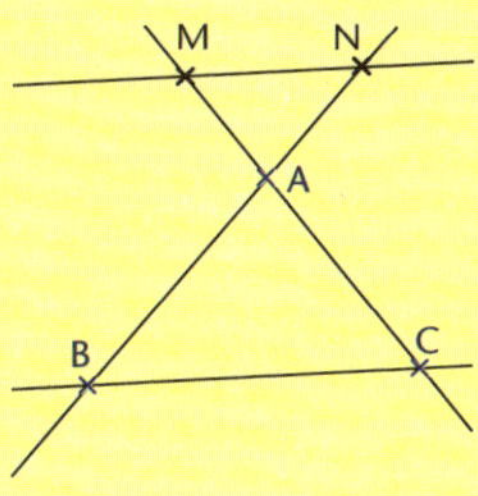

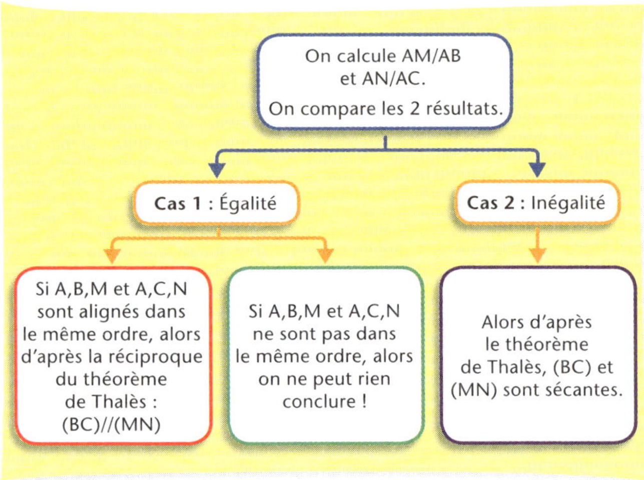

→ Complétez la figure en ajoutant les mesures de l'énoncé :

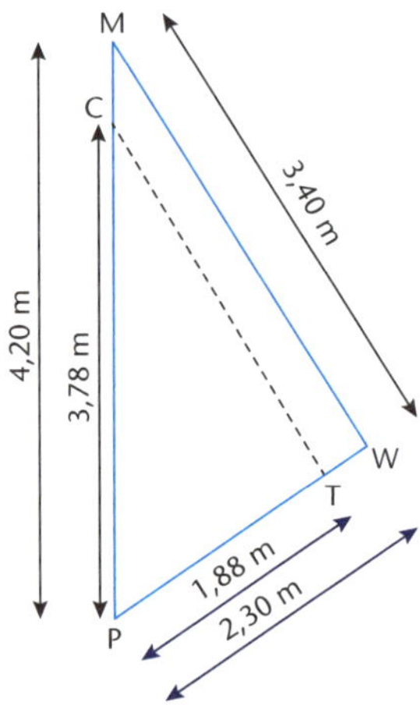

→ Calculez $\frac{PC}{PM}$ en utilisant une fraction irréductible :

$\frac{3,78}{4,2} = \frac{378}{420} = \frac{18}{20} = \frac{9}{10}$.

→ Calculez $\frac{PT}{PW}$ en utilisant une fraction irréductible :

$\frac{1,88}{2,3} = \frac{188}{230} = \frac{94}{115}$.

→ Comparez les deux quotients :

$\frac{9}{10} \neq \frac{94}{115}$.

→ Concluez :

Si les droites étaient parallèles,
alors on pourrait appliquer le théorème de Thalès et les deux quotients seraient égaux. Ce n'est pas le cas, donc les droites (CT) et (MW) ne sont pas parallèles.

Agrandissement et réduction

FICHE 26

1 Définitions

- Si deux figures ont la même forme et **des longueurs proportionnelles**, on dit que l'une est un **agrandissement** ou une **réduction** de l'autre.
- Autre formulation : si l'on multiplie par un nombre k strictement positif les longueurs d'une figure F, on obtient une figure F′ qui est :
  – un **agrandissement** de F si $k > 1$;
  – une **réduction** de F si $k < 1$.

À retenir

k est appelé coefficient d'agrandissement ou de réduction.

Exemple :

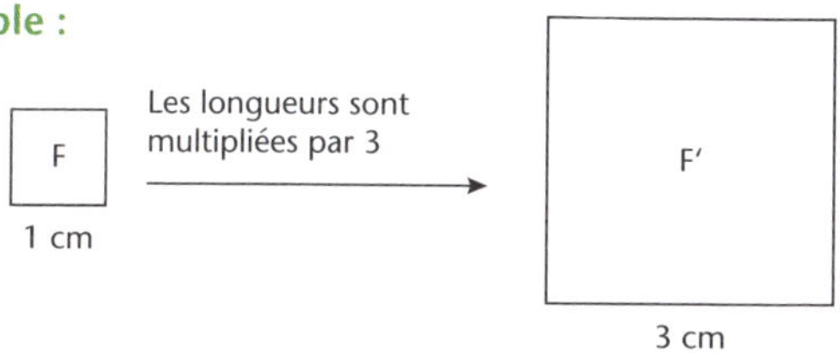

F′ est un agrandissement de F de rapport 3.

On peut aussi dire que F est une réduction de F′ de rapport $\frac{1}{3}$.

- Obtention du coefficient de réduction ou d'agrandissement :

– Coefficient de réduction $= \frac{\text{longueur réduite}}{\text{longueur initiale}}$.

– Coefficient d'agrandissement $= \frac{\text{longueur agrandie}}{\text{longueur initiale}}$.

2 Propriétés

- Un agrandissement ou une réduction **conserve le parallélisme**, **l'alignement** des points et **les mesures d'angles**.

Exemple : Si A′B′C′ est une réduction du triangle ABC et si $\widehat{ABC} = 35°$ alors $\widehat{A'B'C'} = 35°$.

a. Propriété sur les aires

Si l'on agrandit ou réduit une figure en multipliant les longueurs par un coefficient k strictement positif, alors **l'aire est multipliée par k^2**.

À retenir

$k^2 = k \times k$.

Exemple : Le carré F a une aire d'1 cm^2.
Le coefficient d'agrandissement vaut 3, l'aire du carré F' vaut donc $3^2 \times 1 = 9$ cm^2.

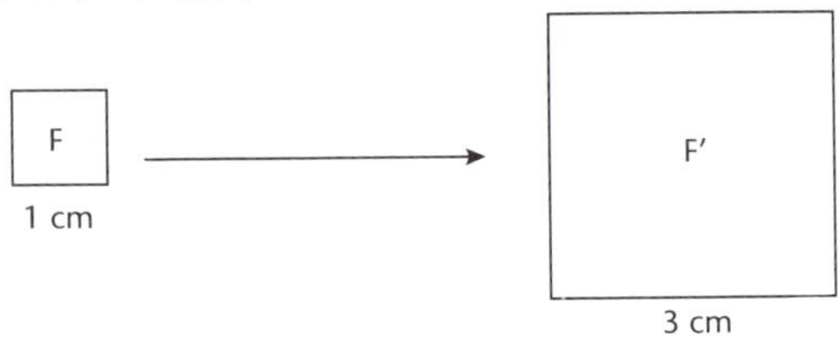

b. Propriété sur les volumes

Si on agrandit ou réduit une figure en multipliant les longueurs par un coefficient k strictement positif, alors **le volume est multiplié par k^3**.

À retenir

$k^3 = k \times k \times k$.

Exemple :

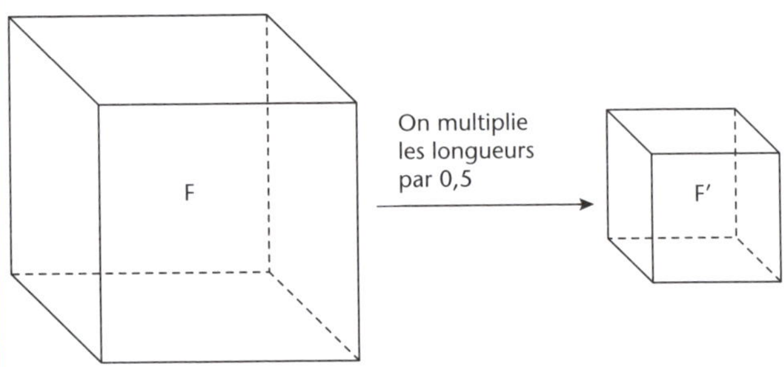

Le volume de F' vaut $0{,}5^3$ le volume de F.

Trigonométrie dans le triangle rectangle

FICHE 27

1 Généralités

a. Vocabulaire du triangle rectangle

- Le **côté opposé** à $\widehat{ABC}$ est [AC].
- Le **côté adjacent** à $\widehat{ABC}$ est [AB].
- **L'hypoténuse** du triangle est [BC].

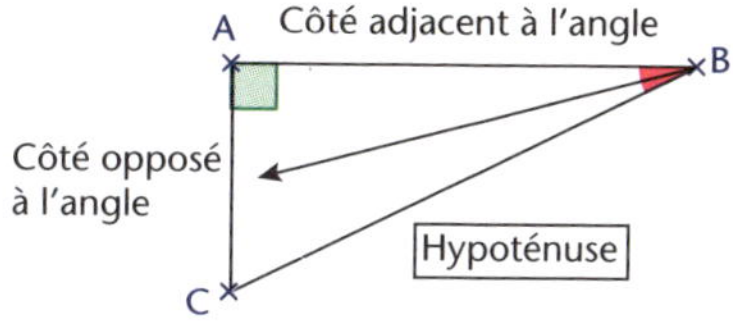

b. Cosinus d'un angle aigu

- **Cosinus d'un angle aigu =** $\dfrac{\text{longueur du côté adjacent à l'angle}}{\text{longueur de l'hypoténuse}}$.

Exemple : Dans le triangle ABC rectangle en A , on a $\cos \widehat{ABC} = \dfrac{BA}{BC}$.

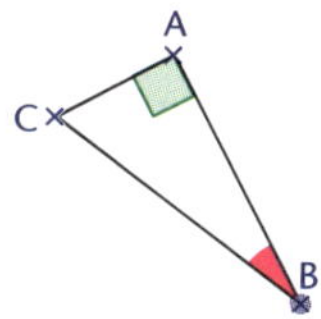

- Pour obtenir la valeur de cos 60°, on tape [cos] 60 [EXE], sur la calculatrice. On obtient alors 0,5.
- Pour obtenir la mesure de l'angle x tel que $\cos x = 0,2$, on tape [2nde] [cos] 0,2 [EXE] puis on arrondit au degré près, on obtient 78°.

À retenir

Cosinus se note cos.
Cette formule n'est valable que pour un triangle rectangle.

c. Sinus d'un angle aigu

- **Sinus d'un angle aigu =** $\dfrac{\text{longueur du côté opposé à l'angle}}{\text{longueur de l'hypoténuse}}$.

Exemple : Dans le triangle ABC rectangle en A, on a $\sin \widehat{ABC} = \dfrac{AC}{BC}$.

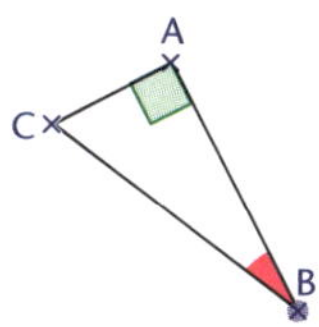

- Pour obtenir la valeur de sin 30°, on tape [sin] 30 [EXE], sur la calculatrice, on obtient 0,5.

À retenir

Sinus se note sin.
Cette formule n'est valable que pour un triangle rectangle.

- Pour obtenir la mesure de l'angle x tel que $\sin x = 0{,}2$, on tape [2nde] [sin] 0,2 [EXE] puis on arrondit au degré près, on obtient 12°.

d. Tangente d'un angle aigu

- Tangente d'un angle aigu = $\dfrac{\text{longueur du côté opposé à l'angle}}{\text{longueur du côté adjacent à l'angle}}$.

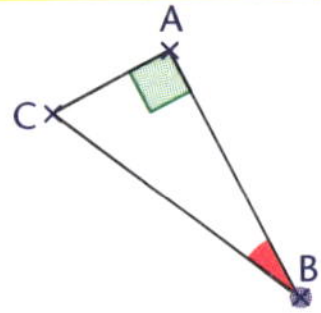

Exemple : Dans le triangle ABC rectangle en A, on a $\tan \widehat{ABC} = \dfrac{CA}{BA}$.

À retenir

Tangente se note tan.
Cette formule n'est valable que pour un triangle rectangle.

- Pour obtenir la valeur de tan 45°, on tape [tan] 45 [EXE], sur la calculatrice, on obtient 1. Pour obtenir la mesure de l'angle x tel que $\tan x = 0{,}2$, on tape [2nde] [tan] 0,2 [EXE] puis on arrondit au degré près, on obtient 11°.

2 Propriétés et relations trigonométriques

- Le cosinus et le sinus d'un angle aigu sont des nombres compris strictement entre 0 et 1.

$$0 < \cos \widehat{ABC} < 1 \; ; \; 0 < \sin \widehat{ABC} < 1.$$

À retenir

$\cos^2 x = \cos x \times \cos x$.
$\sin^2 x = \sin x \times \sin x$.

- Pour tout angle aigu de mesure x, on a :
  - $\cos^2 x + \sin^2 x = 1$;
  - $\tan x = \dfrac{\sin x}{\cos x}$.

Exemple 1 : $\sin^2 15° + \cos^2 15° = 1$.

Exemple 2 : $\tan 15° = \dfrac{\sin 15°}{\cos 15°}$.

Calculer des longueurs en utilisant la trigonométrie

Sujet (d'après DNB Nouvelle-Calédonie, décembre 2012)

Le niveau de la mer monte et descend suivant le cycle des marées. Les deux schémas représentent la même plage à deux instants de la journée.

On a HT = 2 m, $\widehat{HBT} = 10°$ et (HT) perpendiculaire à (BT).

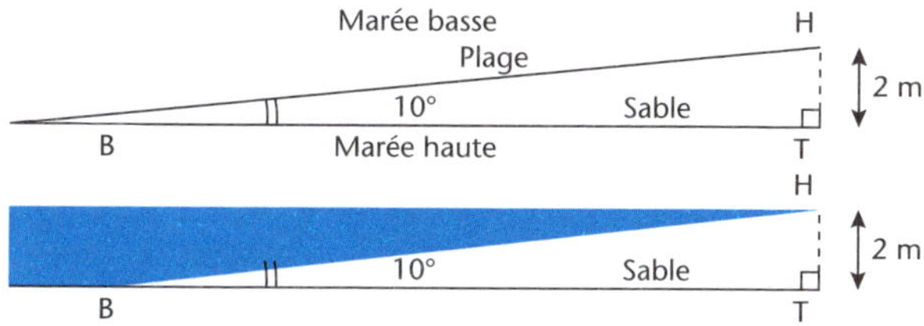

Calculez la longueur BH, en mètres, de plage recouverte par la mer à marée haute.
Donnez en un arrondi au dixième.

Avant de commencer

► Dans une figure, lorsque l'on repère un triangle rectangle et des mesures d'angles, c'est que l'on va sûrement utiliser les relations trigonométriques.
Il faut donc se rappeler que :

Cosinus d'un angle aigu = $\dfrac{\textbf{longueur du côté adjacent à l'angle}}{\textbf{longueur de l'hypoténuse}}$

Sinus d'un angle aigu = $\dfrac{\textbf{longueur du côté opposé à l'angle}}{\textbf{longueur de l'hypoténuse}}$

tangente d'un angle aigu = $\dfrac{\textbf{longueur du côté opposé à l'angle}}{\textbf{longueur du côté adjacent à l'angle}}$

► On remplace par les valeurs connues, puis on utilise la formule où il y a la longueur recherchée et des valeurs connues.

→ Commencez par faire une figure codée sur la feuille :

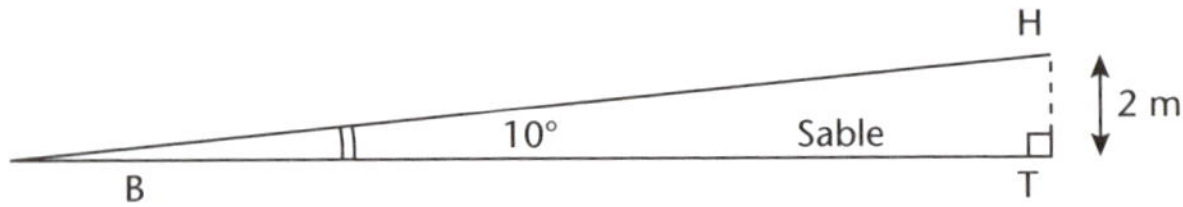

→ Écrivez les relations trigonométriques dans ce triangle rectangle :

Dans le triangle BTH rectangle en T, on a :

$\cos 10° = \dfrac{BT}{BH}$

$\sin 10° = \dfrac{HT}{BH}$

$\tan 10° = \dfrac{HT}{BT}$

→ Remplacez par les valeurs connues :

$\cos 10° = \dfrac{BT}{BH}$ ← Inutilisable car on ne connait pas BT.

$\sin 10° = \dfrac{2}{BH}$

$\tan 10° = \dfrac{2}{BT}$ ← Inutilisable car on cherche BH.

→ Résolvez une équation pour trouver la valeur exacte :

$\sin 10° = \dfrac{2}{BH} \Rightarrow BH = \dfrac{2}{\sin 10°}.$

→ Utilisez une calculatrice pour obtenir une valeur approchée :

On tape la séquence de touche 2 [/] [sin] 10 [EXE].
On obtient 11,5175409662872670724328.
D'où BH ≈ 11,5 m.

→ Faîtes une phrase de conclusion pour répondre à la question :

La longueur de plage recouverte par la mer est d'environ 11,5 m.

Angles au centre, angles inscrits

FICHE 29

1 Généralités

• Un **angle au centre d'un cercle** a pour sommet le centre du cercle. Ses côtés coupent le cercle en deux points distincts du sommet. La portion de cercle située entre les deux côtés de l'angle est appelée l'**arc de cercle intercepté**.

• Un **angle inscrit dans un cercle** a pour sommet un point du cercle et ses côtés coupent ce cercle en deux points distincts. La portion de cercle située entre les deux côtés de l'angle est appelée l'**arc de cercle intercepté**.

Exemple : O est le centre du cercle ci-contre.
$\widehat{AOB}$ est un angle au centre du cercle.
$\widehat{ADB}$ est un angle inscrit dans le cercle.
Ces deux angles interceptent le même arc de cercle.

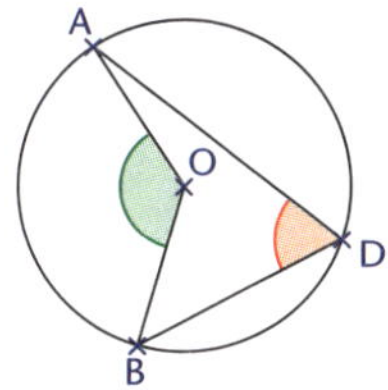

2 Propriétés

a. Théorème

Dans un cercle, si un angle au centre et un angle inscrit interceptent le même arc, alors l'angle au centre mesure le double de l'angle inscrit.

À retenir
Il faut toujours coder les angles et les arcs interceptés pour savoir quelles notions appliquer.

Exemple : O est le centre du cercle ci-dessous :

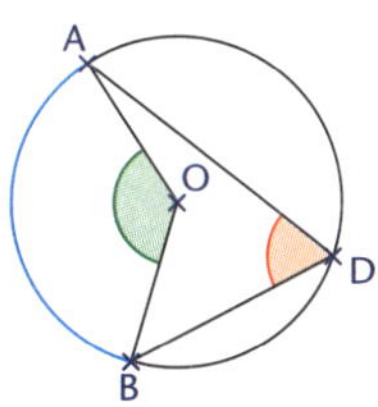

Les deux angles interceptent le même arc coloré en bleu.
L'angle au centre = 2 × l'angle inscrit.

b. Théorème :

- Dans un cercle, **si deux angles inscrits interceptent le même arc, alors ils ont la même mesure**.

Exemple : O est le centre du cercle ci-dessous :

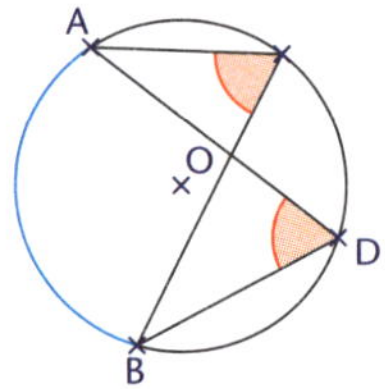

Les deux angles interceptent le même arc coloré en bleu.
Les deux angles ont la même mesure.

c. Utilités

- Prouver que deux angles ont la même mesure.
- Trouver la mesure d'un angle inscrit.
- Trouver la mesure d'un angle au centre.

Exemple : Soit un cercle de centre A.
Les angles $\widehat{CDB}$ et $\widehat{CEB}$ interceptent le même arc de cercle, ils ont donc la même mesure.

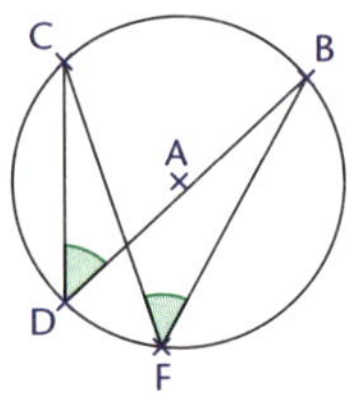

Polygones réguliers

1 Généralités

a. Définition

Un polygone régulier est un polygone dont **tous les côtés ont la même longueur** et dont **tous les angles ont la même mesure**.

Exemples :

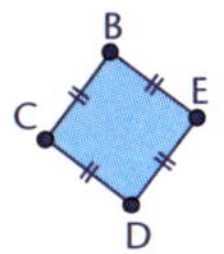

Polygone régulier à 4 côtés

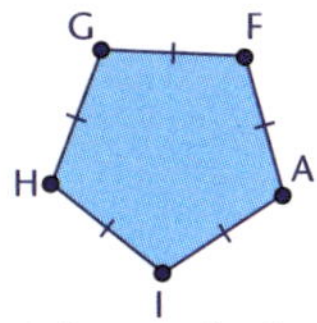

Polygone régulier à 5 côtés

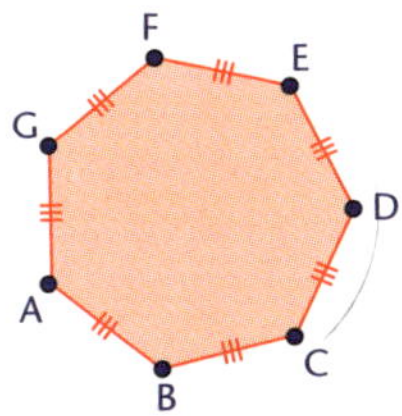

Polygone régulier à 7 côtés

b. Vocabulaire

- Un polygone régulier à **3 côtés** est un **triangle équilatéral**.
- Un polygone régulier à **4 côtés** est un **carré**.
- Un polygone régulier à **5 côtés** est un **pentagone**.
- Un polygone régulier à **6 côtés** est un **hexagone**.
- Un polygone régulier à **7 côtés** est un **heptagone**.
- Un polygone régulier à **8 côtés** est un **octogone**.

À retenir

Un losange qui n'est pas un rectangle est un polygone non régulier, car ses angles n'ont pas la même mesure.

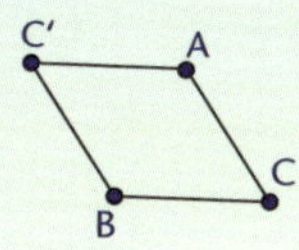

2 Propriétés

- **Tout polygone régulier est inscrit dans un cercle**. Le centre de ce cercle est nommé le centre du polygone régulier.

À retenir

Le centre d'un polygone régulier est le point d'intersection des médiatrices des côtés du polygone.

Exemple : L'heptagone régulier ci-dessous est inscrit dans le cercle de centre J et de rayon JA.

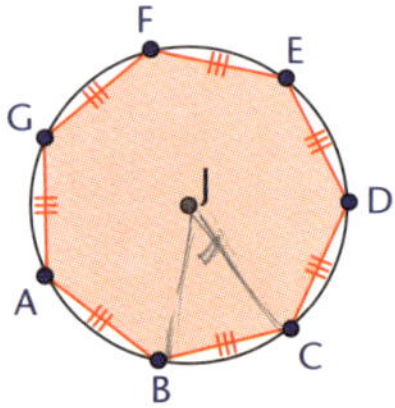

• Les angles au centre déterminés par deux sommets consécutifs d'un polygone régulier à n côtés valent $\frac{360°}{n}$.

Exemple 1 : Dans le pentagone régulier ABCDE, les angles au centre sont égaux. On a donc :

$$\widehat{EFD} = \widehat{DFC} = \widehat{CFB} = \widehat{BFA} = \widehat{AFE} = \frac{360°}{5} = 72°.$$

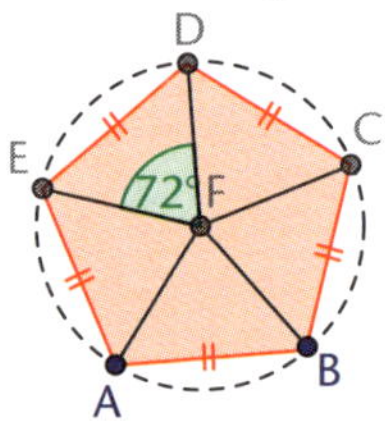

Exemple 2 : Dans le triangle équilatéral ABC, de centre D, les angles au centre sont égaux, on a donc :

$$\widehat{ADB} = \widehat{ADC} = \widehat{CDB} = \frac{360°}{3} = 120°.$$

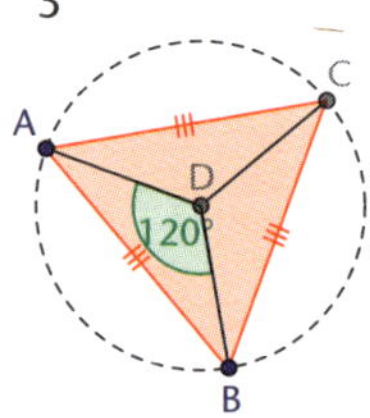

Tracer et utiliser un polygone régulier

Sujet (d'après DNB Amérique du Nord, juin 2013)

Le Pentagone est un bâtiment hébergeant le ministère de la Défense des États-Unis. Il a la forme d'un pentagone régulier inscrit dans un cercle de rayon OA = 238 m. Il est représenté par la figure ci-contre.

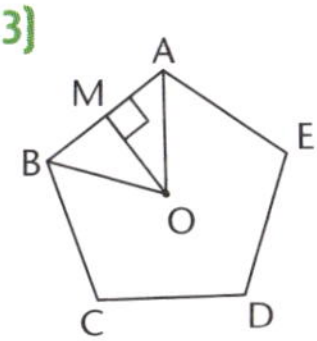

Calculez la mesure de $\widehat{AOB}$. Tracez un pentagone régulier inscrit dans un cercle de rayon 2 cm.

Avant de commencer

▶ Coder les informations de l'énoncé sur la figure de l'énoncé.

▶ Utiliser la formule de l'angle au centre pour un polygone à *n* côtés.

▶ Utiliser son rapporteur pour faire la construction demandée.

→ Codez la figure :

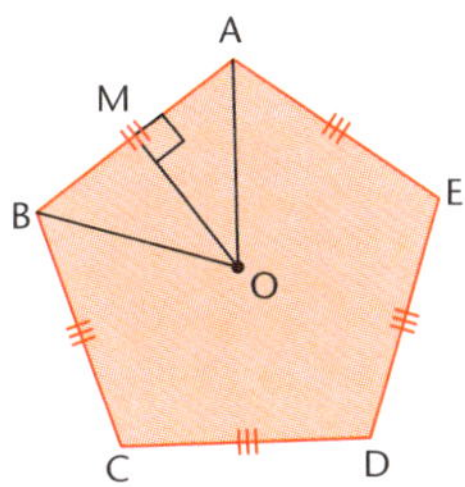

Les angles au centre déterminés par deux sommets consécutifs d'un polygone régulier à *n* côtés valent $\frac{360°}{n}$:

Dans le pentagone régulier, les angles au centre déterminés par 2 sommets consécutifs valent $\frac{360°}{5} = 72°$. Donc $\widehat{AOB} = 72°$.

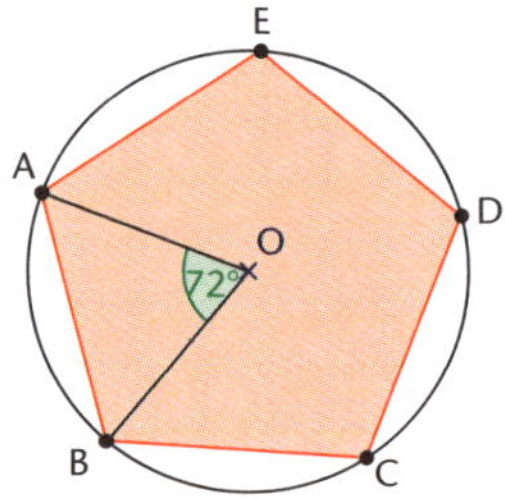

Pour construire le pentagone régulier inscrit dans un cercle de rayon 2 cm, il faut :

1. tracer un cercle de centre O et de rayon 2 cm ;
2. placer un point A sur ce cercle ;
3. utiliser le rapporteur pour tracer les angles de 72°.

Sphères et boules

FICHE 32

1 Définitions

• Une **sphère** de centre O et de rayon r est constituée de l'ensemble de tous les points M de l'espace tels que **$OM = r$**.

• Un cercle de centre O et de rayon r est appelé **un grand cercle de la sphère**.

À retenir

Il y a une infinité de grands cercles !

Exemple 1 : Voici, ci-dessous, la représentation en perspective cavalière d'une sphère de centre O et de rayon r.
On a $OA = r$.
Une balle de ping-pong est une sphère de rayon 20 mm.
Une **boule** de centre O et de rayon r est constituée de l'ensemble de tous les points M de l'espace tels que **$OM < r$**.

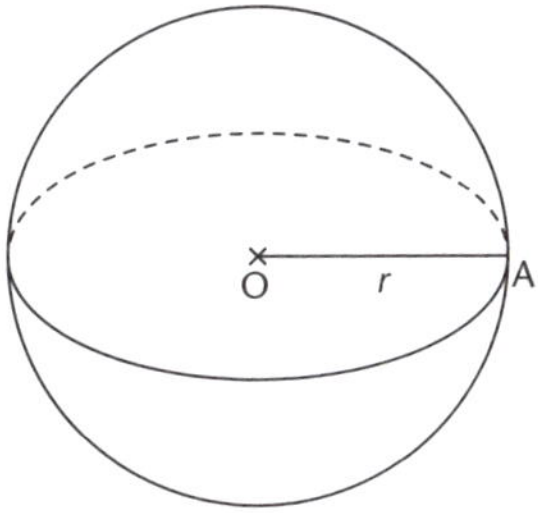

À retenir

Sphère et boule ont la même représentation en perspective cavalière, mais elles sont différentes. En effet, la boule contient la sphère et l'intérieur de celle-ci.

Exemple 2 : Voici, ci-dessous, la représentation en perspective cavalière d'une boule de centre O et de rayon OA.
La Terre est assimilable à une boule de rayon 6 371 km de rayon.
Une boule de billard américain est une boule de diamètre 57 mm.

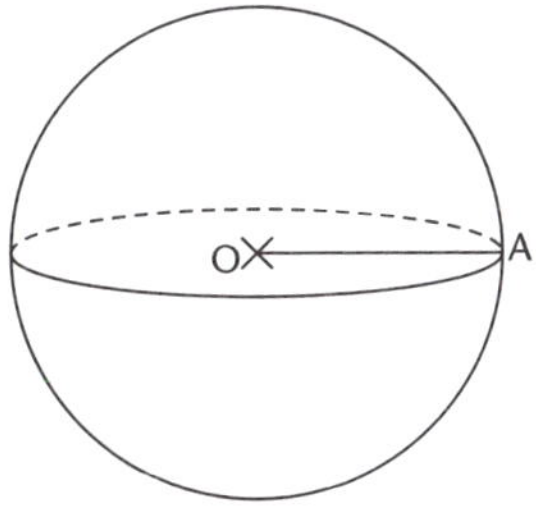

2 Aires et volumes

• **L'aire** d'une sphère de rayon R est donnée par la formule suivante : $4 \times \pi \times R^2$.

Exemple : L'aire d'une sphère de rayon 3 cm vaut :
$4 \times \pi \times 3^2 = 4 \times 9 \times \pi \times 36\pi$
$\approx 113\ \text{cm}^2$.

À retenir

$R^3 = R \times R \times R$.

• **Le volume** d'une boule de rayon R est donné par la formule suivante : $\frac{4}{3} \times \pi \times R^3$.

Exemple 1 : Le volume d'une boule de rayon 6 cm vaut :
$\frac{4}{3} \times \pi \times 6^3 = \frac{4}{3} \times 216 \times \pi = 4 \times 72 \times \pi = 288\pi \approx 904\ \text{cm}^3$.

Exemple 2 : Le volume d'une demi-boule de glace de rayon 3 cm vaut : $\frac{1}{2} \times \frac{4}{3} \times \pi \times 3^3 = 18\pi \approx 57\,\text{cm}^3$.

Sections planes

FICHE 33

1 Sections d'un pavé droit

- La section plane d'un pavé droit par un plan parallèle à l'une de ses faces est un **rectangle** de mêmes dimensions que cette face.

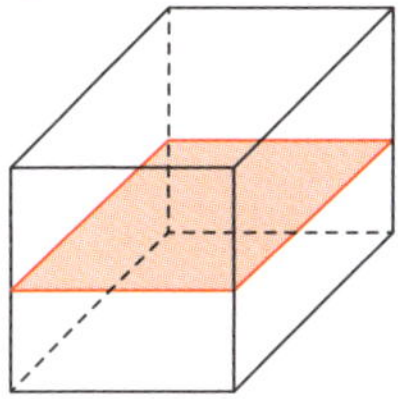

- La section plane d'un pavé droit par un plan parallèle à l'une des arêtes est un **rectangle**.

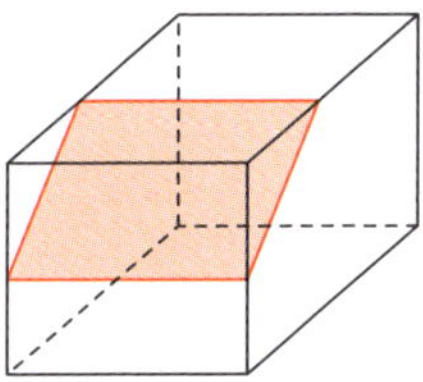

À retenir

Il faut toujours faire une représentation en **perspective cavalière**.

2 Sections d'un cylindre de révolution

- La section plane d'un cylindre de révolution par un plan parallèle à l'axe est un **rectangle** (coloré en vert sur la figure).
- La section plane d'un cylindre de révolution par un plan perpendiculaire à l'axe est un **cercle** de même rayon que la base (coloré en rouge sur la figure).

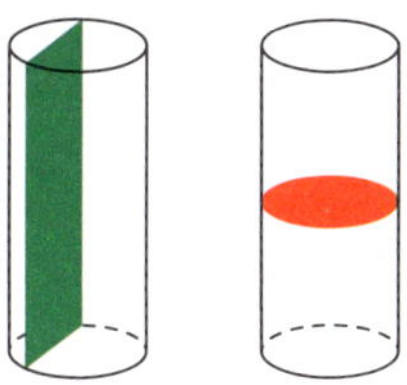

3 Sections d'un cône de révolution

La section plane d'un cône de révolution par un plan parallèle à sa base est un **cercle** qui est en fait une réduction du cercle de base.

Exemple : Section plane d'un cône à base circulaire par un plan parallèle à sa base.

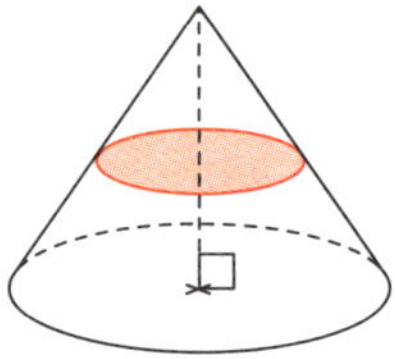

À retenir

En perspective cavalière, le cercle obtenu est déformé, la forme dessinée est ovale.

4 Sections d'une pyramide

La section plane d'une pyramide par un plan parallèle à sa base est un **polygone** qui est en fait une réduction du polygone de base.

Exemple : Section plane d'une pyramide à base rectangle par un plan parallèle à sa base.

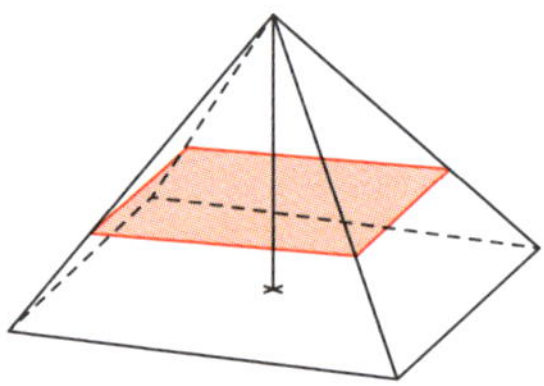

5 Sections d'une sphère

La section plane d'une sphère par un plan est un **cercle**.

Exemple : Sphère de centre O et de rayon R.

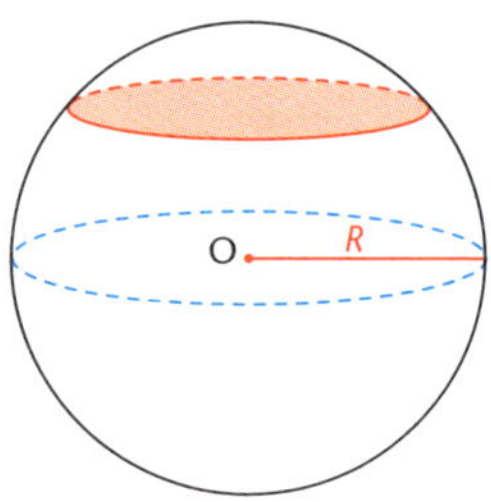

Aires et volumes

FICHE 34

1 Aires

- Rectangle : **aire = longueur × largeur**

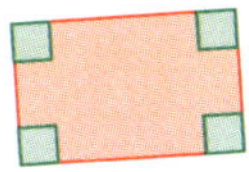

- Carré : **aire = côté × côté**

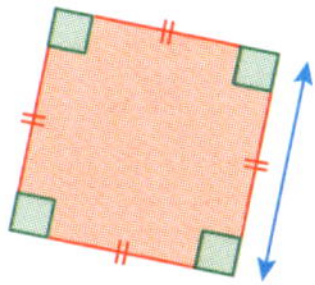

- Parallélogramme : **aire = base × hauteur**

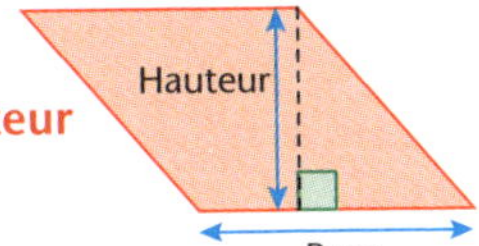

- Triangle : **aire =** $\dfrac{\text{base} \times \text{hauteur}}{2}$

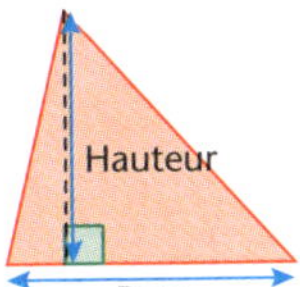

- Cercle : **aire =** πR^2

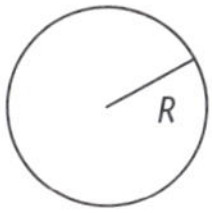

- Sphère : **aire =** $4 \times \pi R^2$

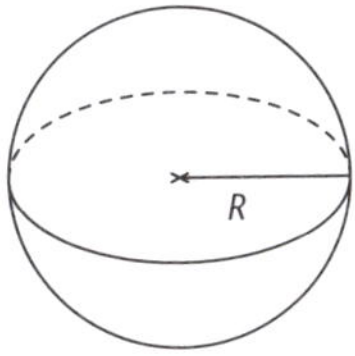

2 Volumes

- Pavé droit ou parallélépipède rectangle : **volume = $L \times l \times h$**

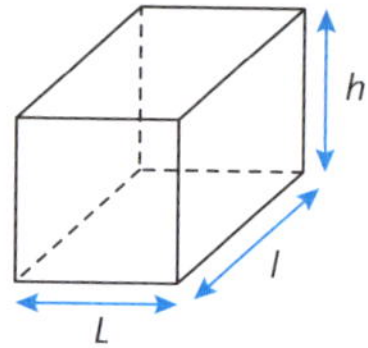

- Prisme droit : **volume = aire de la base × hauteur**

Exemple : Prisme droit à base triangulaire.

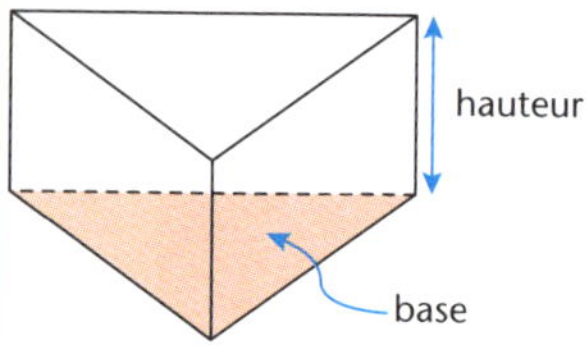

- Pyramide et cône de révolution : **volume = $\frac{\text{aire de la base} \times \text{hauteur}}{3}$**

Exemple 1 : Pyramide à base triangulaire.

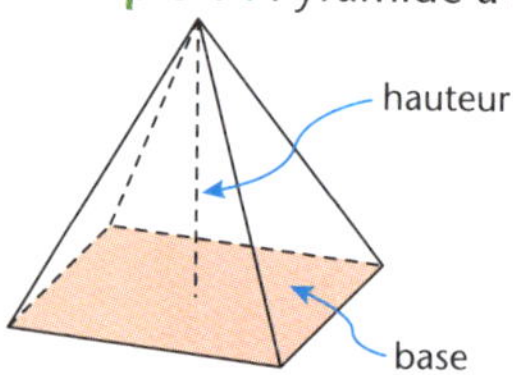

Exemple 2 : Cône de révolution.

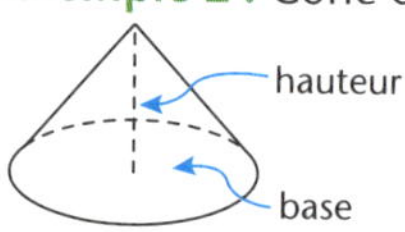

Exemple 3 : Boule de rayon R : **volume = $\frac{4 \times \pi \times R^3}{3}$**

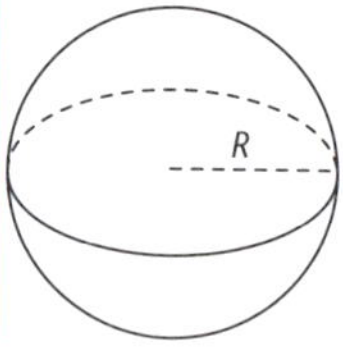

Exercice commenté pas à pas

Calculer un volume en utilisant des théorèmes

Sujet (d'après DNB Pondichéry, 2013)

Une pyramide régulière de sommet S a pour base le carré ABCD tel que son volume V est égal à 108 cm^3. Sa hauteur SH mesure 9 cm.

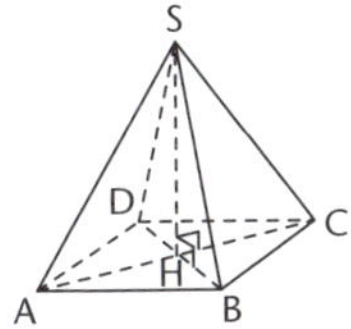

1. Vérifiez que l'aire de ABCD est bien 36 cm^2.
2. Déduisez-en la valeur AB. Calculez le périmètre du triangle ABC.

SMNOP est une réduction de la pyramide SABCD. On obtient alors la pyramide SMNOP telle que l'aire du carré MNOP soit égale à 4 cm^2.

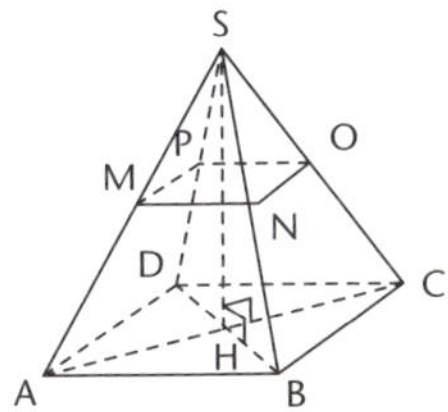

Calculez le volume de la pyramide SMNOP.

Avant de commencer

▶ Se rappeler des formules donnant le volume d'une pyramide et l'aire d'un carré :

$$V_{\text{pyramide}} = \frac{\text{aire de la base} \times \text{hauteur}}{3} \text{ et } A_{\text{carré de côté } c} = c^2.$$

▶ Utiliser le théorème de Pythagore pour calculer AC.

▶ Pour calculer le volume de SMNOP, il faut d'abord trouver le coefficient de réduction.

▶ Si l'on agrandit ou réduit une figure en multipliant les longueurs par un coefficient *k* strictement positif, alors **le volume est multiplié par k^3.**

Déterminez l'aire en utilisant la formule du volume d'une pyramide :

$$V_{\text{pyramide}} = \frac{\text{aire de la base} \times \text{hauteur}}{3}$$

$$108 = \frac{\text{aire} \times 9}{3} \Leftrightarrow \text{aire} = \frac{108 \times 3}{9} = 36 \text{ cm}^2,$$

Obtenez la valeur de AB à partir de la formule de l'aire du carré :

$AB^2 = 36$, donc $AB = 6$ cm.

Pour calculer le périmètre de ABC, on doit d'abord connaître AC :

Le triangle ABC est rectangle en B, on peut donc utiliser le théorème de Pythagore.
On a $AC^2 = AB^2 + BC^2$ d'où, en remplaçant par les valeurs connues : $AC^2 = 6^2 + 6^2 = 36 + 36 = 72$.
On a donc $AC = \sqrt{72}$ cm.
Or $72 = 2 \times 36$ d'où $\sqrt{72} = \sqrt{36} \times \sqrt{2} = 6\sqrt{2}$.
On a $AC = 6\sqrt{2}$.
Le périmètre du triangle ABC vaut :
$AB + BC + CA = 6 + 6 + 6\sqrt{2} = 12 + 6\sqrt{2}$.

Calculez le coefficient de réduction :

L'aire du carré MNOP vaut 4 cm², on a donc MN = 2 cm.

Le coefficient de réduction vaut $\frac{MN}{AB} = \frac{2}{6} = \frac{1}{3}$.

Calculez le volume de la réduction de la pyramide :

On a $V_{SMNOP} = \left(\frac{1}{3}\right)^3 V_{SABCD} = \frac{1}{3^3} \times 108 = \frac{108}{27} = 4 \text{ cm}^3$.

Géométrie

MÉMO

THÈMES clés

Configuration de Pythagore : fiche 22

Prouver qu'un triangle est ou n'est pas rectangle : fiche 23

Configuration de Thalès : fiches 24, 25

Trigonométrie et angles : fiches 27, 29

Polygones réguliers : fiche 30

Géométrie dans l'espace : fiches 32, 33, 34

THÉORÈMES clés

- Dans une figure, dès que l'on repère un angle droit, il faut penser à utiliser le **théorème de Pythagore ou la trigonométrie**.
- Le théorème de Pythagore sert à **calculer des longueurs et à prouver qu'un triangle n'est pas un triangle rectangle**. Sa réciproque ne sert qu'à prouver qu'un triangle est rectangle.
- Le **théorème de Thalès sert à calculer des longueurs et à prouver que deux droites ne sont pas parallèles**. Sa réciproque ne sert qu'à prouver que deux droites sont parallèles.
- Dans une figure, dès que l'on repère des parallèles, il faut penser à utiliser le **théorème de Thalès**.

FORMULES clés

Soit x la mesure d'un angle aigu, on a alors :

$$\tan x = \frac{\sin x}{\cos x}$$

$$\sin^2 x + \cos^2 x = 1$$

Agrandissement et/ou réduction de figure

Effets d'agrandissement, de réduction de rapport k.

- Alignement, parallélisme, angles → Conservés
- Longueurs → Multipliées par k
- Aires → Multipliées par k^2
- Volumes → Multipliés par k^3

Le triangle rectangle

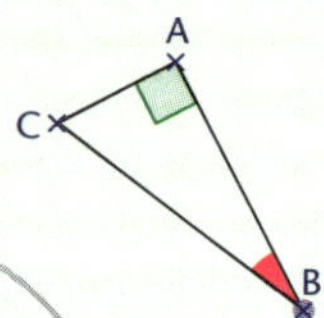

Triangle ABC rectangle en A

Théorème de Pythagore : $BC^2 = BA^2 + AC^2$

$\cos \widehat{ABC} = \frac{BA}{BC}$

$\tan \widehat{ABC} = \frac{AC}{AB}$

$\sin \widehat{ABC} = \frac{AC}{BC}$

Quiz-bilan

→ *Réponses au verso.*

1 ABC est un triangle rectangle en A. AB = 3 cm et AC = 5 cm. On a BC = ?

a. ☐ 5,8 b. ☐ $\sqrt{34}$ c. ☐ 4

2 ABC est un triangle rectangle en A tel que AB = 2 cm et BC = 5 cm. On a AC = ?

a. ☐ 29 b. ☐ 21 c. ☐ $\sqrt{29}$ d. $\sqrt{21}$

3 Si $MN^2 = MO^2 + ON^2$, alors le triangle MNO est :

a. ☐ rectangle en M. b. ☐ rectangle en N.
c. ☐ rectangle en O.

4 Dans la figure ci-contre, (BC) est parallèle à (MN). On a :

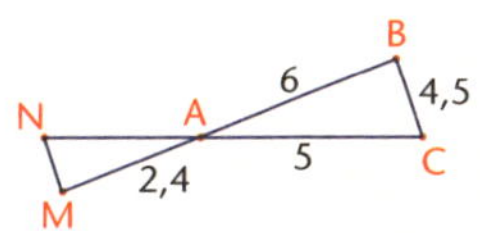

a. ☐ AN = 12,5 b. ☐ AN = 2 c. ☐ AN = 2,88

5 Un rectangle a une aire de 12 cm². Si on effectue une réduction de coefficient 2, l'aire de la réduction sera de :

a. ☐ 6 cm² b. ☐ 24 cm² c. ☐ 3 cm²

6 Le sinus d'un angle aigu est :

a. ☐ un nombre positif. b. ☐ un nombre inférieur à 1.
c. ☐ compris entre 0 et 1.

7 Tan 28°≈ ?

a. ☐ 0,53 b. ☐ 88 c. ☐ 0,5° d. 88°

8 **Si le triangle TRI est rectangle en I, alors $\cos\widehat{IRT}$ = ?**

a. ☐ $\frac{IT}{TR}$ b. ☐ $\frac{IR}{TR}$ c. ☐ $\frac{IR}{IT}$

9 **Si le triangle TRI est rectangle en I, alors $\sin\widehat{IRT}$ = ?**

a. ☐ $\frac{IT}{TR}$ b. ☐ $\frac{IR}{TR}$ c. ☐ $\frac{IR}{IT}$

10 **Si le triangle TRI est rectangle en I, alors $\tan\widehat{IRT}$ = ?**

a. ☐ $\frac{IT}{TR}$ b. ☐ $\frac{IR}{TR}$ c. ☐ $\frac{IT}{IR}$

11 **Un hexagone régulier possède :**

a. ☐ 6 côtés égaux.
b. ☐ 6 angles de la même mesure.
c. ☐ 6 côtés égaux et 6 angles de même mesure.

12 **L'aire d'une sphère de rayon 3 cm vaut :**

a. ☐ 12π cm^2 b. ☐ 36π cm^2 c. ☐ $36\pi^2$ cm^2

13 **Le volume d'une boule de rayon 6 cm vaut :**

a. ☐ 288π cm^3 b. ☐ 24π cm^3 c. ☐ 144π cm^3

14 **Si je double le rayon d'une pyramide, je multiplie son volume par :**

a. ☐ 2 b. ☐ 4 c. ☐ 8

Réponses :

1 **b** on applique le théorème de Pythagore, $BC^2 = 3^2 + 5^2 = 34$ d'où $BC = \sqrt{34}$ – **2** **d** on applique le théorème de Pythagore, $5^2 = 2^2 + AC^2$ d'où $AC^2 = 21$, donc $AC = \sqrt{21}$ – **3** **c** – **4** **b** par application du théorème de Thalès on a $\frac{AM}{AB} = \frac{AN}{AC} = \frac{MN}{BC}$ d'où $AN = \frac{5 \times 2{,}4}{6} = 2$ – **5** **c** – **6** **c** – **7** **a** – **8** **b** – **9** **a** – **10** **c** – **11** **c** – **12** **b** – **13** **a** – **14** **c** il s'agit d'un agrandissement de rapport 2, le volume est multiplié par $2^3 = 8$.

FICHE 38

Proportionnalité

1 Généralités

- Deux grandeurs sont dites **proportionnelles** quand on obtient l'une en multipliant (ou en divisant) l'autre par un même nombre non nul. Ce nombre est alors appelé **coefficient de proportionnalité**.

Exemple : Le périmètre d'un carré est proportionnel à la longueur du côté du carré.
Contre-exemple : L'aire d'un carré n'est pas proportionnelle à la longueur d'un de ses côtés.

- Propriété graphique : une situation de proportionnalité est représentée par des **points alignés avec l'origine du repère**.

À retenir

Il faut faire un graphique précis pour pouvoir conclure.

- Réciproquement : si une situation est représentée graphiquement par des points alignés avec l'origine du repère, alors c'est une situation de proportionnalité.

Exemple 1 :
Les points A, B et C ne sont pas alignés avec l'origine du repère, c'est une situation de non proportionnalité.

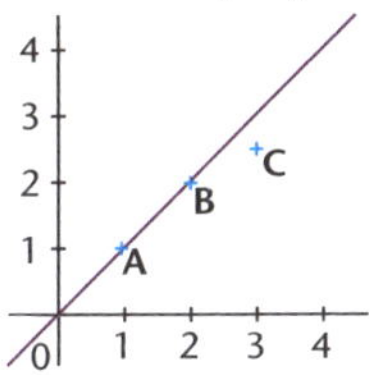

Exemple 2 :
Les points A, B et C sont alignés avec l'origine du repère, c'est une situation de proportionnalité.

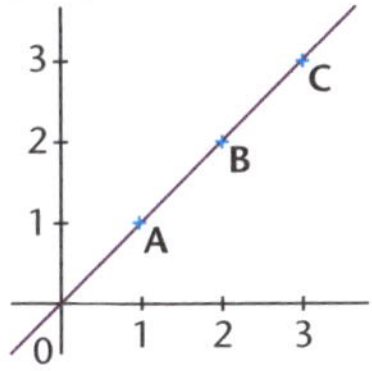

Exemple 3 :
Les points A, B et C sont alignés, mais pas avec l'origine du repère, c'est une situation de non proportionnalité.

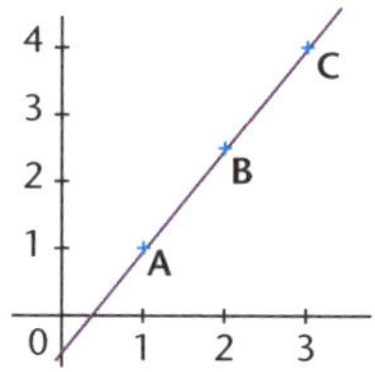

2 Pourcentages

- Appliquer un taux de pourcentage : t % de $x = \dfrac{t \times x}{100}$.

À retenir

Il faut être capable de calculer mentalement t % d'un nombre.

- **Propriétés :**

Augmenter un nombre de t %, c'est le multiplier par $\left(1 + \dfrac{t}{100}\right)$.

Diminuer un nombre de t %, c'est le multiplier par $\left(1 - \dfrac{t}{100}\right)$.

Exemple 1 : Une voiture coûte 5 000 €. Si les prix augmentent de 12 %, le nouveau prix de cette voiture sera de 5 600 € car $5\,000 \times \left(1 + \dfrac{12}{100}\right) = 5\,000 \times 1{,}12 = 5\,600$.

Exemple 2 : Un téléviseur coûte 200 €. Lors des soldes, le commerçant décide de baisser les prix de 15 %.
Le nouveau prix du téléviseur sera donc 170 € car
$200 \times \left(1 - \dfrac{15}{100}\right) = 200 \times 0{,}85 = 170$.

Traduire une variation en pourcentage par une multiplication

Sujet (extrait DNB Amérique du Nord, juin 2014)

La longueur du canal du Midi est de 240 km de Toulouse à l'étang de Thau.
La vitesse des embarcations est limitée à 8 km/h.
On assimilera une écluse à un pavé droit de 8,4 m de large, de 30 m de long et de 3 m de hauteur.
Le prix hebdomadaire de la location d'un bateau à moteur dépend de la période.
Il est de 882 € du 01/01/2014 au 28/04/2014. Il augmente de 27 % pour la période du 29/04/2014 au 12/05/2014.
Calculez le prix de la location pour cette période.

Avant de commencer

- Bien lire l'énoncé pour n'utiliser que les données utiles.
- Se rappeler qu'augmenter un nombre de t %, c'est le multiplier par $\left(1+\dfrac{t}{100}\right)$.
- Analyser la question. Le prix de la location pour cette période correspond au prix hebdomadaire pour la période du 29/04/2014 au 12/05/2014.

→ Calculez le nouveau prix. Traduisez l'augmentation en pourcentage par une multiplication :

882 × (1 + 27/100) = 1 120,14 €.

→ Concluez par une phrase :

Le prix hebdomadaire de la location pour la période du 29/04/2014 au 12/05/2014 est de 1 120,14 €.

Sujet (extrait DNB métropole, juin 2013)

Dîtes, en justifiant, si cette affirmation est vraie ou fausse : « durant les soldes, si l'on baisse le prix d'un article de 30 % puis de 20 %, au final le prix de l'article a baissé de 50 % ».

Avant de commencer

► Il faut se rappeler que diminuer un nombre de t %, c'est le multiplier par $\left(1 - \frac{t}{100}\right)$.

Première étape : la baisse de 30 % du prix. Traduisez cette baisse par une multiplication :

Si le prix baisse de 30 %, on le multiplie par (1 – 30/100) = 0,7.

Deuxième étape : la baisse de 20 % du prix. Traduisez cette baisse par une multiplication :

Si le prix baisse de 20 %, on le multiplie par (1 – 20/100) = 0,8.

Les baisses successives :

Si l'on baisse de 30 % puis de 20 % le prix d'un article, cela revient à multiplier le prix par 0,7 puis par 0,8, donc à le multiplier par 0,7 × 0,8 = 0,56.

Déterminez le pourcentage de baisse final :

Pour trouver le pourcentage de baisse final t, on doit résoudre l'équation suivante : $(1 - t/100) = 0{,}56$.
On obtient donc $t = 44$.
Le pourcentage de baisse est de 44 %, l'affirmation est donc fausse.

Grandeurs composées et changement d'unités

FICHE 40

1 Grandeur produit

Le produit de deux grandeurs est appelé **grandeur produit**.

Exemple 1 : L'aire d'un carré est une grandeur produit. En effet, l'aire du rectangle est égale au produit de la longueur par la largeur.
Si la longueur vaut 10 cm et la largeur 2 cm, l'aire vaut alors 20 cm^2.

Exemple 2 : La tension U aux bornes d'une résistance R traversée par un courant d'intensité I est elle aussi une grandeur produit. En effet, la loi d'Ohm donne $U = RI$.
Si la résistance vaut 10 Ω et $I = 5$ A, alors $U = 50$ ΩA = 50 V.

2 Grandeur quotient

Le quotient de deux grandeurs est appelé **grandeur quotient**.

Exemple 1 : La vitesse moyenne V est une grandeur quotient. En effet, c'est le quotient de la distance d parcourue par la durée t du parcours, $V = \frac{d}{t}$.
Si la distance parcourue est de 5 km en 5 minutes, alors la vitesse est de 1 km/min.

Exemple 2 : Le débit d'un robinet est une grandeur quotient. En effet, c'est le quotient d'un volume d'eau par la durée d'ouverture du robinet.
Si le débit d'un robinet est de 2 L/s, cela signifie qu'en 1 seconde, il s'écoule 2 litres d'eau.

3 Changements d'unités

- Conversions de base :

– 1 m^3 = 1 000 L et 1 L = 1 dm^3 ;
– 1 are = 100 m^2 et 1 hectare = 10 000 m^2 ;
– 1 m = 10 dm = 100 cm ;
– 1 km = 10 hm = 100 dam = 1 000 m.

Exemple 1 : Une piscine de 18 m^3 contient 18 000 L d'eau.
Exemple 2 : Une bouteille de 1,5 dm^3 de soda contient 1,5 L de soda.

À retenir

Il ne faut pas confondre l'écriture décimale d'une durée et l'écriture en heures minutes et secondes d'une durée.
Ainsi, 1,5 h ≠ 1 h 50 min.

Exemple 3 : 12 hectares représentent 120 000 m^2.

- **Conversions de durée**

1 min = 60 s donc 1 min = $\frac{1}{60}$ h.

1 h = 60 min = 3 600 s.

Exemple 1 : 1 h 33 min = 60 min + 33 min
= 93 min
= $\frac{93}{60}$ min
= 1,55 h.

Exemple 2 : 4,6 h = 4,6 × 60 min
= 276 min
= 276 × 60 s
= 16 560 s.

Exemple 3 : Une voiture parcourt 110 km en 1 h 20 min.
Quelle est sa vitesse ?
1 h 20 min = 80 min. La voiture parcourt 110 km en 80 minutes. On recherche le nombre de kilomètres parcourus en 60 minutes.

Donc $v = \frac{(110 \times 60)}{80}$ = 75 km/h.

Effectuer des changements d'unités

Sujet (d'après DNB Amérique du Nord, juin 2014)

Le débit moyen q d'un fluide dépend de la vitesse moyenne v du fluide et de l'aire de la section d'écoulement d'aire S.
Il est donné par la formule suivante : $q = S \times v$.
q est exprimé en $m^3.s^{-1}$.
S est exprimée en m^2.
v est exprimée en $m.s^{-1}$.
On considère que la vitesse moyenne v d'écoulement de l'eau est de 2,8 $m.s^{-1}$.
La section d'écoulement a la forme d'un disque de rayon $R = 30$ cm.

1. Quelle est l'aire en m^2 de la section d'écoulement ?
2. Déterminez le débit moyen arrondi au millième.
3. Combien de secondes faut-il pour remplir une cuve de capacité 756 m^3 ?
4. Combien de minutes cela représente-t-il ?

Avant de commencer

- Unités de vitesse : $m.s^{-1} = m/s$.
- Unités de débit : $m^3.s^{-1} = m^3/s$.
- L'aire d'un disque de rayon R est donnée par la formule $\pi \times R^2$.
- Conversions d'aires : 1 m^2 = 100 dm^2 = 10 000 cm^2.
- Conversions de durées : 1 min = 60 s.
- $\pi \approx 3,1416$.

Calculez l'aire du disque en utilisant une valeur exacte :

$S = \pi \times R^2 = 900\ \pi\ cm^2$.

Convertissez en m² :

$S = 0{,}09\ \pi\ m^2$. L'aire exacte est de $0{,}09\ \pi\ m^2$.

Déterminez le débit moyen à l'aide de la formule de l'énoncé :

$$q = S \times v = 0{,}09\ m^2 \times 2{,}8\ \frac{m}{s}$$
$$= 0{,}252\ \pi\ \frac{m^3}{s}$$
$$\approx 0{,}79168\ m^3/s.$$

Arrondissez le résultat au millième :

$q \approx 0{,}792\ m^3/s$. Le débit moyen arrondi au millième est de $0{,}792\ m^3/s$.

Calculez la durée en utilisant le débit :

$$q = \frac{\text{volume d'eau}}{\text{durée}} \text{ donc } 0{,}792 = \frac{756}{\text{durée}}.$$

On obtient durée $= \dfrac{756}{0{,}792} \approx 954{,}6 \approx 955$ s.

Le remplissage d'une cuve de capacité $756\ m^3$ prendra environ 955 s.

Convertissez cette durée en minutes :

Durée $= \dfrac{955}{60} \approx 15{,}9$ min. Le remplissage dure donc environ 15,9 minutes.

Les fonctions

FICHE 42

1 La notion de fonction

- Une fonction f est un procédé de calcul qui, à un nombre x, associe un **unique** nombre $f(x)$. On note donc : $x \mapsto f(x)$.

À retenir

$x \mapsto f(x)$ est appelée la **forme algébrique** de la fonction.

Exemple : Le procédé de calcul permettant d'associer la longueur du côté d'un carré à l'aire du carré est une fonction.
Si on la note f et que l'on note x la longueur du côté du carré, on a $f(x) = x^2$.

- Soit f une fonction. Si $f(x) = y$, on dit alors que :
y est **l'image** de x par f ;
x est **un antécédent** de y par f.

Exemple : Soit f la fonction définie par $f(x) = x^4$.
L'image de 0, notée $f(0)$, vaut $0^4 = 0$. On note alors $f(0) = 0$.
$f(2) = f(-2) = 16$.
Donc 2 et -2 sont les antécédents de 16 par f.

À retenir

L'image est unique. Il peut y avoir plusieurs antécédents.

- Un **tableau de valeurs** d'une fonction f est un tableau dans lequel figurent des valeurs de x et leurs images respectives par la fonction f.

Exemple :

x	0	4	–5	1
$f(x)$	3	1	2	2

L'image de 0 par la fonction f est 3.
On note $f(0) = 3$.
On a $f(-5) = f(1) = 2$.
Donc –5 et 1 sont les antécédents de 2 par la fonction f.

2 Représentation graphique

À retenir

Si l'on doit utiliser une représentation graphique, les résultats obtenus ne seront pas forcément exacts.

La **représentation graphique** ou **courbe représentative** d'une fonction *f* est constituée de l'ensemble des points de coordonnées $(x\ ;\ f(x))$.

Exemple : Voici, ci-dessous, la représentation graphique d'une fonction *f*.
On se propose de déterminer l'image de 2 et les antécédents de 2.

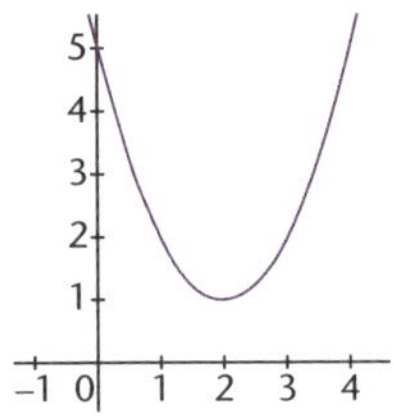

L'image de 2 par la fonction *f* est 1. On note $f(2) = 1$.

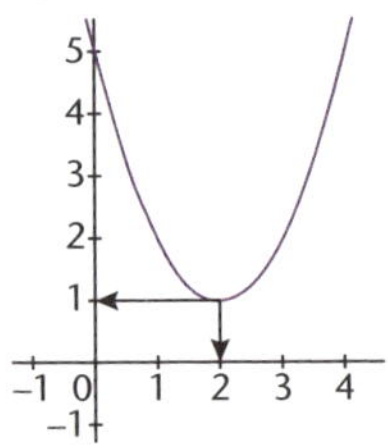

On trace la droite d'équation $y = 2$, puis on cherche les abscisses des points d'intersection de cette droite avec la représentation graphique.
On a donc $f(1) = f(3) = 2$. Les antécédents recherchés sont 1 et 3.

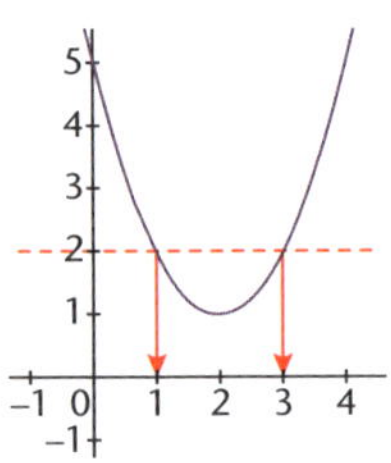

Utiliser la représentation graphique d'une fonction

Sujet (d'après DNB métropole, septembre 2013)

Le graphique, ci-dessous, représente la quantité, en milligrammes, de principe actif d'un médicament par litre de sang, en fonction du temps écoulé depuis la prise du médicament.

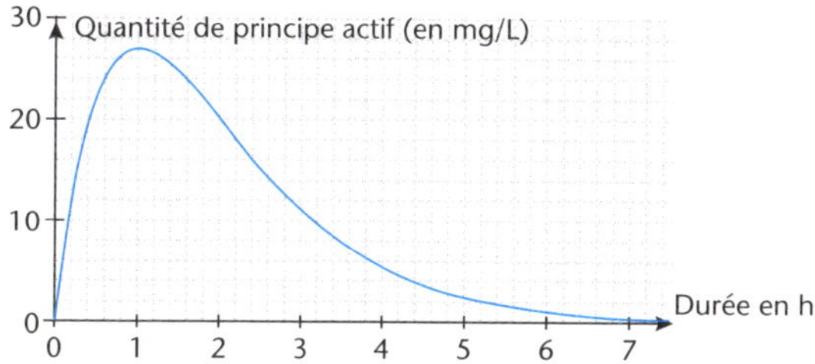

1. Au bout de combien de temps la quantité de principe actif est-elle maximale ?
2. Quelle est la quantité de principe actif du médicament dans le sang au bout de 2 h 30 min ?
3. Pour que le médicament soit efficace, la quantité de principe actif de médicament dans le sang doit être supérieure à 5 mg/L. Pendant combien de temps le médicament est-il efficace ?

Avant de commencer

► Toutes les réponses doivent être obtenues graphiquement.

► Ne pas oublier que 2 h 30 min = 2,5 h.

Repérez sur le graphique son maximum et l'heure correspondante :

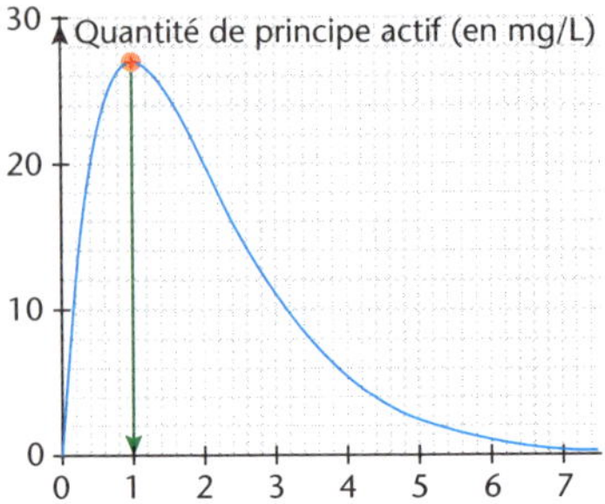

On marque en rouge le maximum du graphique et on cherche l'abscisse de ce point. On lit ici 1 h. C'est donc au bout d'une heure que la quantité de principe actif du médicament dans le sang est maximale.

Lisez l'ordonnée du point du graphique d'abscisse 2,5 :

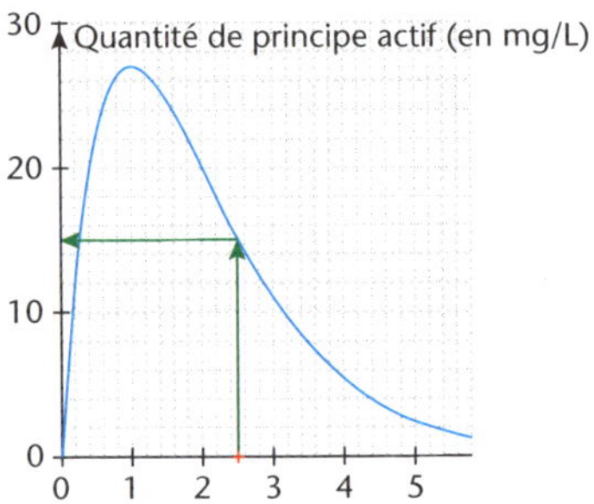

On lit graphiquement environ 15 mg/L.

Pour obtenir la réponse, tracez la droite correspondant à une quantité de 5 mg/L :

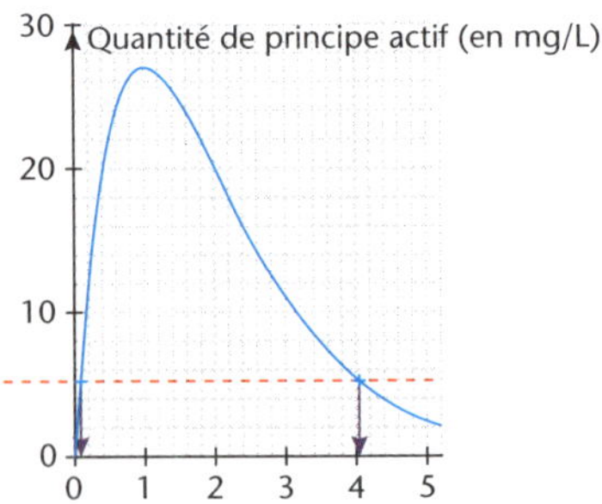

On lit graphiquement que la quantité de principe actif du médicament est supérieure à 5 mg/L de 0,2 h à 4 h après la prise. Le médicament est actif durant environ 3,8 h.

FICHE 44

Les fonctions linéaires

1 Généralités

- Soit a un nombre réel. La fonction linéaire f de coefficient a est la fonction qui, à tout nombre x, fait correspondre le nombre ax.
On notera alors $f(x) = ax$
ou $f : x \mapsto ax$.

À retenir
Cela correspond en fait à une « machine à multiplier » par a.

- Remarque : Si $a = 0$, la fonction est nulle.

Exemple 1 : La fonction f définie par $f(x) = -3x$ est une fonction linéaire de coefficient -3. L'image de 2 par f vaut $f(2) = -3 \times 2 = -6$.

Exemple 2 : La fonction g définie par $g(x) = \frac{1}{2}x$ est une fonction linéaire de coefficient $\frac{1}{2}$. L'image de 4 par g vaut $g(4) = \frac{1}{2} \times 4 = \frac{4}{2} = 2$.

- Propriété : le tableau de valeurs d'une fonction linéaire est un tableau de proportionnalité. Les fonctions linéaires sont donc associées à des situations de proportionnalité.

Exemple : Soit f la fonction linéaire de coefficient 2. On a $f(x) = 2x$. Ce tableau de valeur est un tableau de proportionnalité de coefficient 2.

x	0	2	–3
$f(x)$	0	4	–6

2 Représentation d'une fonction linéaire

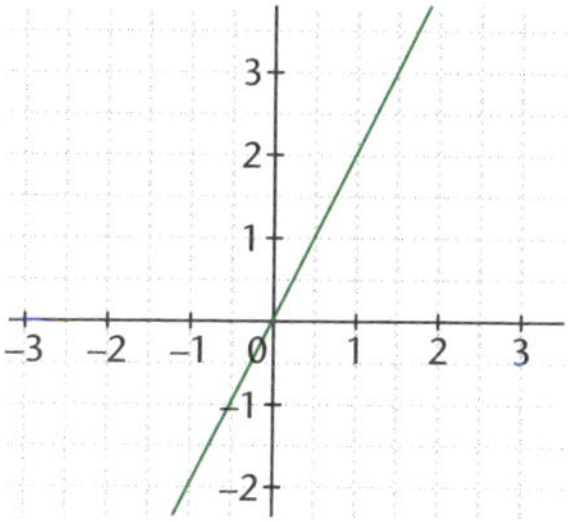

La représentation graphique d'une fonction linéaire f de coefficient a est une droite passant par l'origine du repère. Le nombre a est appelé coefficient directeur de la droite.

À retenir

Pour chercher l'image d'un nombre différent de zéro, on choisit, si possible, un nombre qui permet d'obtenir rapidement un résultat entier.

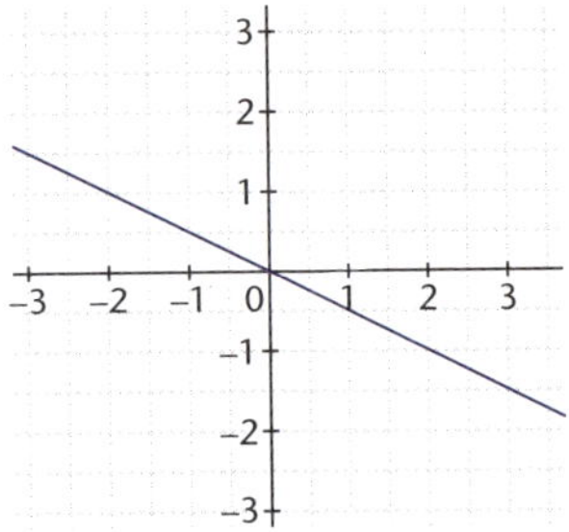

Exemple 1 : Soit f la fonction linéaire de coefficient 2.
Sa représentation graphique est une droite passant par l'origine du repère.
Pour la tracer, on cherche l'image d'un nombre différent de 0.
On a $f(1) = 2 \times 1 = 2$. La droite relie donc (0 ; 0) à (1 ; 2).

Exemple 2 : Soit g la fonction linéaire de coefficient – 0,5.
Sa représentation graphique est une droite passant par l'origine du repère.
Pour la tracer, on cherche l'image d'un nombre différent de 0.
On a $g(2) = -2 \times 0{,}5 = -1$.
La droite relie donc (0 ; 0) à (2 ; – 1).

Les fonctions affines

FICHE 45

1 Généralités

• Soient a et b deux nombres réels fixés.

• La fonction **affine** f de coefficients a et b est la fonction qui à tout nombre x fait correspondre le nombre $ax + b$.
On notera alors $f(x) = ax + b$ ou $f : x \mapsto ax + b$.

À retenir

Une fonction linéaire est toujours affine. En effet, $b = 0$. Une fonction affine n'est pas toujours linéaire. Par exemple $f : x \mapsto x + 1$ est affine non linéaire.

• **Cas particuliers :**
Lorsque $a = 0$, la fonction f s'écrit $f(x) = b$. f est donc une fonction constante.
Lorsque $b = 0$, la fonction f s'écrit $f(x) = ax$. f est donc une fonction linéaire.

Exemple 1 : $f : x \mapsto 2x - 1$ est une fonction affine de coefficients 2 et –1.

Exemple 2 : $g : x \mapsto -3x$ est une fonction affine de coefficients –3 et 0. Elle est aussi linéaire.

2 Représentation graphique d'une fonction affine

La représentation graphique d'une fonction affine $f : x \mapsto ax + b$ est une **droite**. Le coefficient **a est le coefficient directeur** de cette droite. Le coefficient **b est l'ordonnée à l'origine** de cette droite. Le point $(0 ; b)$ appartient à cette droite.

Exemple 1 : $f : x \mapsto x - 2$
f est une fonction affine de coefficients $a = 1$ et $b = -2$.
Sa représentation graphique est une droite. Elle passe par le point $(0 ; -2)$.
Pour obtenir un deuxième point, on peut calculer
$f(1) = 1 \times 1 - 2 = 1 - 2 = -1$
La droite passe par $(1 ; -1)$.

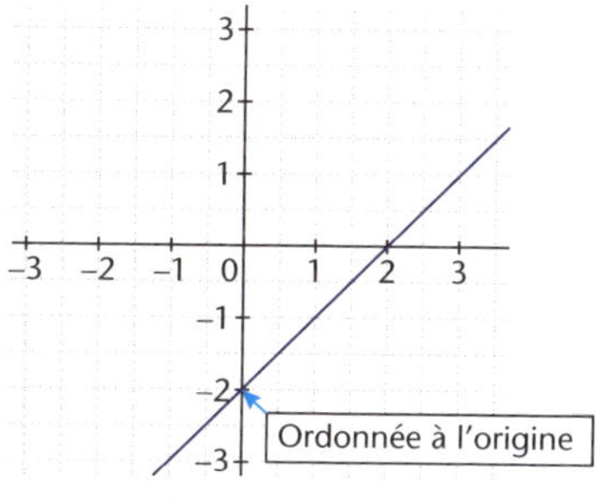

On trace ensuite la droite passant par ces deux points.

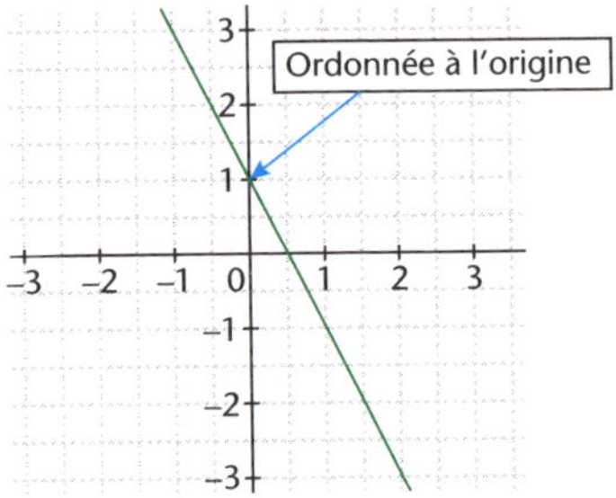

Exemple 2 :
$g : x \mapsto -2x + 1$.
La fonction g est affine de coefficients – 2 et 1.
Sa représentation graphique est une droite. Elle passe par le point (0 ; 1). Pour obtenir le deuxième point, on peut calculer $f(1) = -2 \times 1 + 1 = -2 + 1 = -1$.
La droite passe par (1 ; –1). On trace ensuite la droite passant par ces deux points.

3 Proportionnalité des accroissements

Soit f la fonction affine définie par $f : x \mapsto ax + b$. On a pour tout nombre réels x et y différents : $a = \dfrac{f(y) - f(x)}{y - x}$.

Autre formulation : « le coefficient a est égal au quotient de la différence des images par la différence des nombres ».

Exemple : La représentation graphique de la fonction affine f est donnée ci-dessous.
On voit que $f(0) = -1$ et $f(2) = 0$.

Le coefficient $a = \dfrac{f(2) - f(0)}{2 - 0} = \dfrac{0 - (-1)}{2} = \dfrac{1}{2} = 0{,}5$.

Le coefficient b est l'ordonnée à l'origine, donc $b = -1$.
On a donc $f(x) = 0{,}5x - 1$.

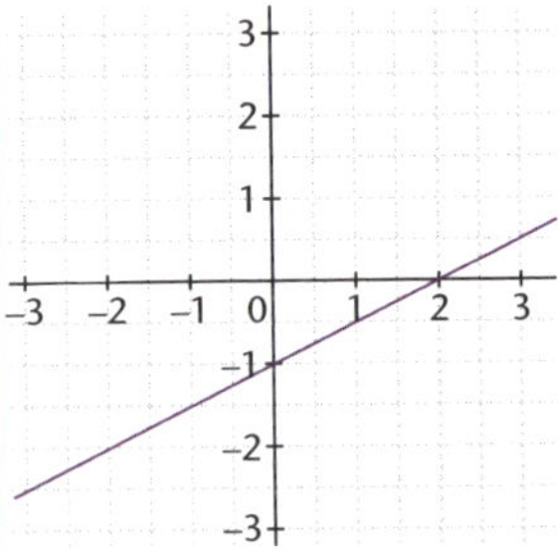

À retenir

Pour déterminer les coefficients d'une fonction affine, on peut utiliser cette propriété et le fait que b est l'ordonnée à l'origine.

Donner la nature d'une fonction

Sujet

La droite bleue représente une fonction *f*.

1. Donnez la nature de la fonction *f*.
2. Lisez sur le graphique l'image du nombre 2.
3. Donnez l'expression de *f*(x).

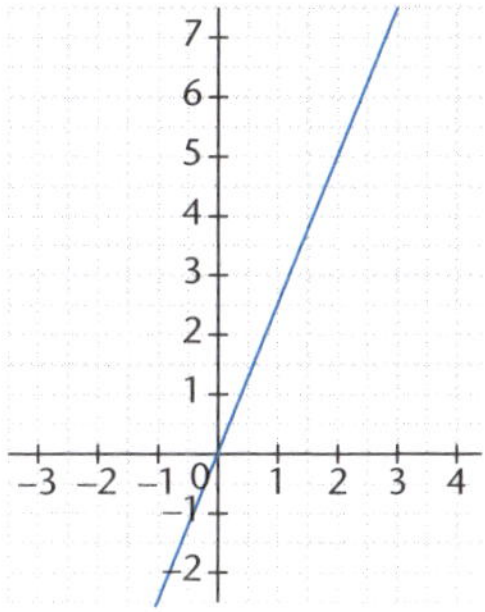

Avant de commencer

▶ Donner la nature d'une fonction, c'est dire si elle est linéaire, affine ou quelconque.

▶ Utiliser le graphique pour lire des images.

▶ Une fonction linéaire est une machine à multiplier par un même nombre.

→ Utilisez la caractérisation graphique des fonctions linéaires :

La représentation graphique de la fonction *f* est une droite passant par l'origine du repère.
La fonction *f* est donc linéaire.

→ Utilisez le graphique pour lire l'ordonnée du point de la droite d'abscisse 2 :

L'image du nombre 2 est 5. On a donc $f(2) = 5$.

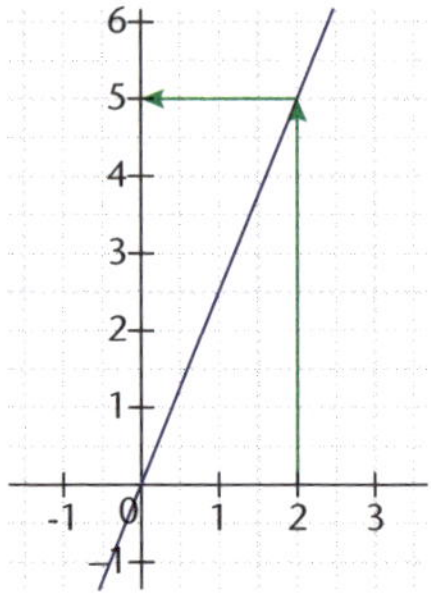

Utilisez l'expression algébrique d'une fonction linéaire :

La fonction f est linéaire, il existe donc un nombre a tel que $f(x) = ax$.
On sait que $f(2) = 5$, on a alors $5 = 2a \Leftrightarrow \frac{5}{2} = a$. D'où $f(x) = 2{,}5x$.

Sujet (extrait DNB, Pondichéry 2014)

Entourez la bonne réponse.

Soit f la fonction définie par : $f(x) = 3x - (2x + 7) + (3x + 5)$	f est une fonction affine	f est une fonction linéaire	f est n'est pas une fonction affine.

Avant de commencer

► Pour pouvoir déterminer la nature de la fonction f, il faut développer et réduire l'expression.

Développez et réduire f :

$f(x) = 3x - 2x - 7 + 3x + 5 = 4x - 2$.

Reconnaissez l'expression algébrique d'une fonction connue :

La fonction f est du type $f(x) = ax + b$, elle est donc affine.

Soit f la fonction définie par : $f(x) = 3x - (2x + 7) + (3x + 5)$	f est une fonction affine	f est une fonction linéaire	f est n'est pas une fonction affine.

Tracer une fonction affine ou linéaire

Sujet (d'après DNB Asie, juin 2011)

En physique, la tension *U* aux bornes d'une résistance est proportionnelle à l'intensité *I* du courant qui la traverse, c'est-à-dire $U = R \times I$, où *R* (valeur de la résistance) est le coefficient de proportionnalité. On appelle cette formule la loi d'Ohm.

Intensité *I* en ampères	0,02	0,03	0,04	0,08
Tension *U* en volts	3	4,5	3	12

1. Vérifiez que ce tableau est un tableau de proportionnalité.
2. Quelle est la valeur du coefficient de proportionnalité ?

On nomme *f* la fonction qui donne la tension *U* en fonction de l'intensité *I*.

3. Précisez la nature de *f* et donnez son expression algébrique.
4. Dans un repère, tracez la représentation graphique de la fonction *f*.

Avant de commencer

▶ Pour vérifier qu'un tableau est un tableau de proportionnalité, on va diviser les nombres de la seconde ligne par les nombres de la première ligne. Si tous les quotients sont égaux, il y a proportionnalité.

▶ Une situation de proportionnalité est associée à une fonction linéaire.

▶ Pour tracer la représentation graphique d'une fonction linéaire, il faut calculer l'image d'un nombre *a* différent de 0, puis tracer la droite passant par l'origine du repère et le point $(a\ ;\ f(a))$.

Calculez des quotients des nombres de la seconde ligne par ceux de la première ligne :

$\frac{3}{0{,}02} = 150$; $\frac{4{,}5}{0{,}03} = 150$; $\frac{6}{0{,}04} = 150$ et $\frac{12}{0{,}08} = 150$.

Comparez des quotients :

Les quatre quotients sont égaux entre eux. Le tableau est donc un tableau de proportionnalité.

Calculez le coefficient de proportionnalité :

Le coefficient de proportionnalité est égal aux quotients communs, c'est-à-dire 150. On a donc $R = 150$.

Trouvez la nature de *f* :

On est dans une situation de proportionnalité ; la fonction associée à cette situation est donc une fonction linéaire.
Le coefficient de proportionnalité vaut 150. L'expression algébrique de la fonction f est donc $f(x) = 150x$.

Représentez le graphique de la fonction *f* :

La fonction f étant linéaire, sa représentation graphique est une droite passant par l'origine du repère.
On sait que $f(1) = 150$.
On trace donc la droite passant par O (0 ; 0) et par le point de coordonnées (1 ; 150).

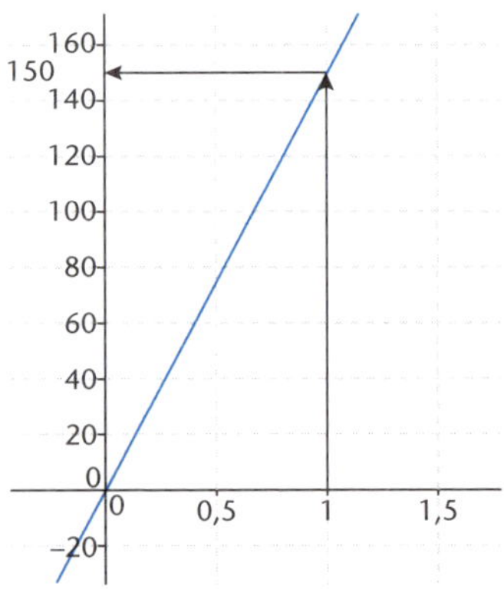

Proportionnalité et fonctions

FICHE 48

MÉMO

THÈMES clés

Proportionnalité et fonctions linéaires : fiches 38 et 44
Notion d'images et d'antécédents : fiche 42
Fonctions affines : fiche 45
Grandeurs composées : fiche 40

DÉFINITIONS clés

- **Une fonction** est déterminée par un tableau de valeurs ou une expression algébrique.
- **Une fonction linéaire** est une « machine à multiplier » par un même nombre a.
- **Expression algébrique d'une fonction linéaire** : $f(x) = ax$. Sa représentation graphique est une droite passant par l'origine du repère. Elle modélise une situation de proportionnalité.
- **Expression algébrique d'une fonction affine** : $f(x) = ax + b$ où a et b sont connus et fixés.
- Si $b \neq 0$, elle n'est pas associée à une situation de proportionnalité. Sa représentation graphique est une droite.

FORMULES clés

Vitesse $V = \dfrac{\text{distance parcourue}}{\text{durée du parcours}}$.

$1\ m^3 = 1\ 000$ L.

SCHÉMAS-BILANS

Calculs et pourcentages

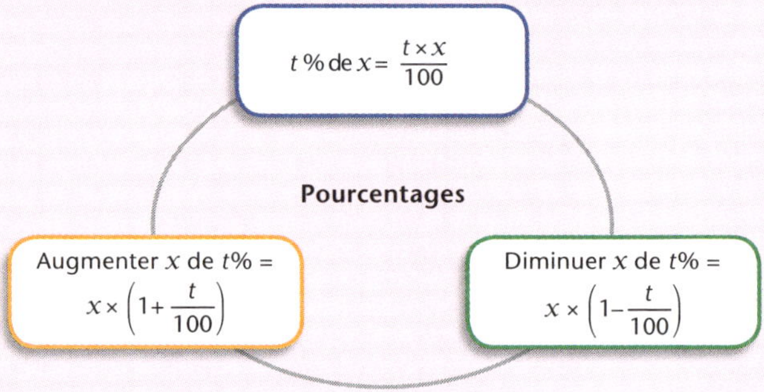

Les fonctions

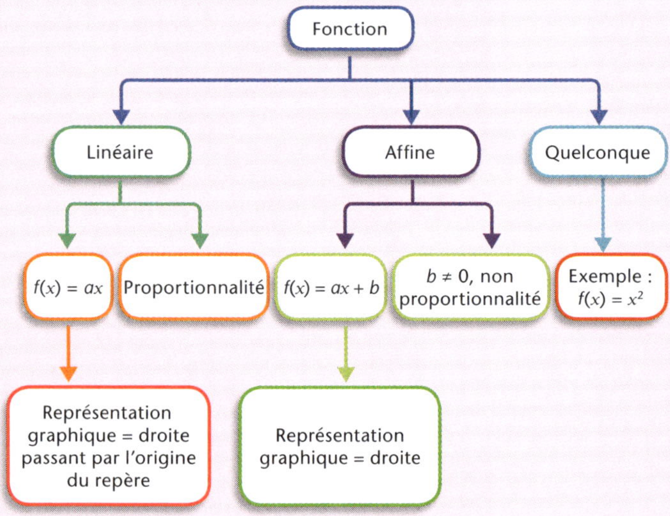

Quiz-bilan

→ *Réponses au verso.*

1 Une télévision coûte 150 €. Les prix augmentent de 15 %. Son nouveau prix est de :

a. ☐ 165 €. b. ☐ 172,50 €. c. ☐ 127,50 €.

2 Une augmentation de 15 % peut se traduire par la fonction f dont l'expression algébrique est :

a. ☐ $f(x) = x + 11{,}5$. b. ☐ $f(x) = 1{,}15x$. c. ☐ $f(x) = 0{,}15x$.

3 Une réduction de 10 % peut se traduire par la fonction f dont l'expression algébrique est :

a. ☐ $f(x) = x + 0{,}9$. b. ☐ $f(x) = 1{,}1x$. c. ☐ $f(x) = 0{,}9x$.

4 La fonction f dont l'expression algébrique est $f(x) = -x + 5$ est :

a. ☐ linéaire. b. ☐ affine. c. ☐ ni affine, ni linéaire.

5 Soit f la fonction définie par $f(x) = 8x - 7$. L'image de 0 vaut :

a. ☐ -7. b. ☐ $\frac{7}{8}$. c. ☐ 73.

6 La représentation graphique d'une fonction linéaire est :

a. ☐ une droite.

b. ☐ une droite passant par l'origine du repère.

7 La fonction f définie par $f(x) = 2x^2$ est :

a. ☐ affine. b. ☐ linéaire. c. ☐ quelconque.

8 Soit *f* une fonction. Si $f(3) = 5$, alors :

a. ☐ 3 est l'image de 5.
b. ☐ 5 est l'antécédent de 3.
c. ☐ 3 est l'antécédent de 5.

9 Si un cycliste roule à 3 m/s, il parcourt :

a. ☐ 180 m en 1 h. b. ☐ 10,8 km en 1 h. c. ☐ 108 km en 1 h.

10 Un véhicule roulant à 90 km/h parcourt :

a. ☐ 25 m en 1 s. b. ☐ 2,5 m en 1 s. c. ☐ 0,25 m en 1 s.

11 L'image de –1 par la fonction *f* définie par $f(x) = 2x^2$ est :

a. ☐ –2. b. ☐ 2. c. ☐ 1.

12 La fonction $f(x) = 0{,}75x$ traduit :

a. ☐ une diminution de 75 %.
b. ☐ une diminution de 25 %.
c. ☐ une augmentation de 25 %.

13 La masse volumique de l'or est de 19,3 g/cm³. 1 m³ d'or pèse :

a. ☐ 19,3 tonnes. b. ☐ 193 kg. c. ☐ 19,3 kg.

14 L'image de –3 par la fonction $f(x) = -2x + 5$ est :

a. ☐ –1. b. ☐ 11. c. ☐ 0.

15 La fonction $g(x) = 1{,}1x$ traduit :

a. ☐ une diminution de 10 %.
b. ☐ une augmentation de 110 %.
c. ☐ une augmentation de 10 %.

Réponses :

1 b – 2 b – 3 c – 4 b – 5 a – 6 b – 7 c – 8 c – 9 b – 10 a – 11 b – 12 b – 13 a 1 m³ = 1 000 000 cm³ – 14 b – 15 c

Série statistique : caractères de position

FICHE **50**

1 Moyennes

- La **moyenne** d'une série statistique est égale au quotient de la somme de toutes les valeurs par le nombre total de valeurs.
- Formule : $\text{moyenne} = \dfrac{\text{somme de toutes les valeurs}}{\text{nombre total de valeurs}}$.

On dit qu'il s'agit d'une moyenne brute.

Exemple : Série de notes : 12 ; 10 ; 11.
La moyenne de cette série vaut $\dfrac{12 + 10 + 11}{3} = \dfrac{33}{3} = 11$.

- La **moyenne pondérée** d'une série statistique est égale au quotient des sommes des produits de chaque valeur par son coefficient par la somme des coefficients.

À retenir

La **moyenne pondérée** est égale à la moyenne brute lorsque tous les coefficients sont égaux.

- Formule : $\text{moyenne pondérée} = \dfrac{\text{somme des produits de chaque valeur par son coefficient}}{\text{somme des coefficients}}$.

Exemple : On considère la série statistique ci-contre :

Valeur	12	10	11
Coefficient	2	1	2

La moyenne vaut :
$$\frac{12 \times 2 + 10 \times 1 + 11 \times 2}{2 + 1 + 2} = \frac{24 + 10 + 22}{5} = \frac{56}{5} = 11{,}2.$$

2 Médiane

La **médiane** m d'une série statistique ordonnée est **une** valeur qui partage cette série en deux série de même effectif.

Exemple 1 :

5	7	8	11	12

La valeur **8** sépare la série en deux séries de même effectif.
La médiane est **8**.

À retenir

Il faut ordonner la série. Si l'effectif de celle-ci est impair, la médiane est une valeur de la série.
Si l'effectif est pair, il faut calculer une moyenne.

Exemple 2 :

5	6	9	12

Toute valeur comprise entre 6 et 9 peut être la médiane.
Par convention, on prend la moyenne des deux valeurs, ici $\frac{6+9}{2} = 7{,}5$.
La médiane est **7,5**.

3 Premier et troisième quartile

À retenir
Q1 et Q3 sont des valeurs de la série.

• Le **premier quartile**, noté **Q1**, est la plus petite valeur de la série ordonnée pour laquelle au moins un quart (ou 25 %) des valeurs de la série sont inférieures ou égales à Q1.

• Le **troisième quartile**, noté **Q3**, est la plus petite valeur de la série ordonnée pour laquelle au moins trois quarts (ou 75 %) des valeurs de la série sont inférieures ou égales à Q3.

Exemple 1 : Série statistique ordonnée : 4 ; 8 ; 11 ; 12 ; 16.
L'effectif de la série vaut 5. On calcule 25 % de 5 :
$25 \times 5 \div 100 = 1{,}25$.
Q1 est donc la deuxième valeur de la série. Q1 = 8.
On calcule 75 % de 5 : $75 \times 5 \div 100 = 3{,}75$.
Q3 est donc la quatrième valeur de la série. Q3 = 12.

Exemple 2 : Série statistique ordonnée : 5 ; 8 ; 10 ; 10 ; 11 ; 16.
L'effectif de la série vaut 6. On calcule 25 % de 6 :
$25 \times \frac{6}{100} + 1{,}5$.
Q1 est donc la deuxième valeur de la série. Q1 + 8.
On calcule 75 % de 6 : $75 \times \frac{6}{100} = 4{,}5$.
Q3 est donc la quatrième valeur de la série. Q3 = 11.

Série statistique : caractères de dispersion

FICHE 51

1 Étendue d'une série statistique

- L'**étendue** d'une série statistique est la différence entre la plus grande valeur et la plus petite valeur de la série.
- Formule : **Étendue = valeur maximale – valeur minimale**.

Exemple : 7 élèves ont calculé le nombre de SMS qu'ils envoient en une journée :
25 ; 75 ; 125 ; 5 ; 10.
La valeur maximale est 125.
La valeur minimale est 5.
L'étendue de la série vaut 125 – 5 = **120**.

À retenir

Il faut toujours vérifier si la série est ordonnée ou pas.

2 Écart interquartile

- L'**écart interquartile** d'une série statistique est la différence entre le troisième quartile et le premier quartile.
- Formule : **Écart interquartile = Q3 – Q1**.

À retenir

L'**écart interquartile** est un nombre positif.

Exemple : Voici les notes de 6 élèves : 5 ; 8 ; 12 ; 9 ; 15 ; 10.
On recherche l'écart interquartile.
Pour cela, il faut d'abord ordonner la série : 5 ; 8 ; 9 ; 10 ; 12 ; 15.
On calcule Q1 : l'effectif de la série vaut 6.
25 % de 6 = 1,5. Q1 est la deuxième valeur de la série.
Donc **Q1 = 8**.
On calcule Q3 : 75 % de 6 = 4,5. Q3 est la cinquième valeur de la série. Donc **Q3 = 12**
L'écart interquartile vaut 12 – 8 = **4**.

3 Diagramme de Tukey

- Il s'agit d'un diagramme représentant les caractères de la série statistique. On l'appelle aussi diagramme en boîte ou « boîte à moustaches ».

À retenir

Il faut savoir réaliser ou interpréter un diagramme de ce type.

• Il s'agit de tracer un rectangle allant de Q1 à Q3. Ce rectangle suffit pour le diagramme en boîte. On ajoute alors des segments aux extrémités menant jusqu'aux valeurs extrêmes, la longueur totale est égale à l'étendue de la série.

Exemple 1 : En reprenant la série de notes précédentes, on a obtenu Q1 = 8, Q3 = 12. La valeur minimale est 5. La valeur maximale est 15. Le diagramme associé à cette série est :

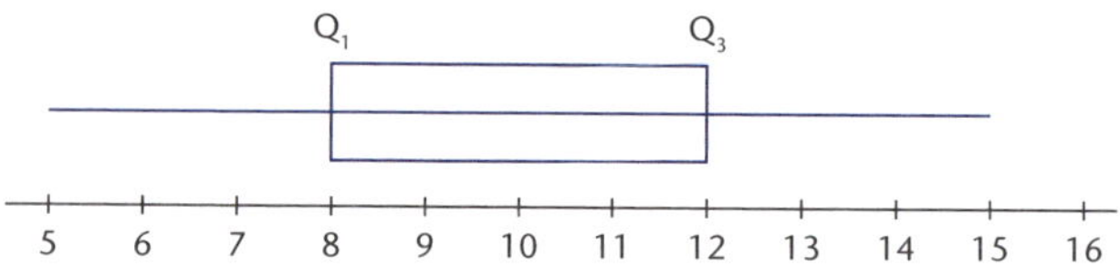

- 25 % des notes sont inférieures à 8 ;
- 50 % des notes sont comprises entre 8 et 12 ;
- 25 % des notes sont supérieures à 12.

Ce diagramme permet de comparer facilement des séries statistiques.

Exemple 2 : Le diagramme ci-dessous permet de dire que :

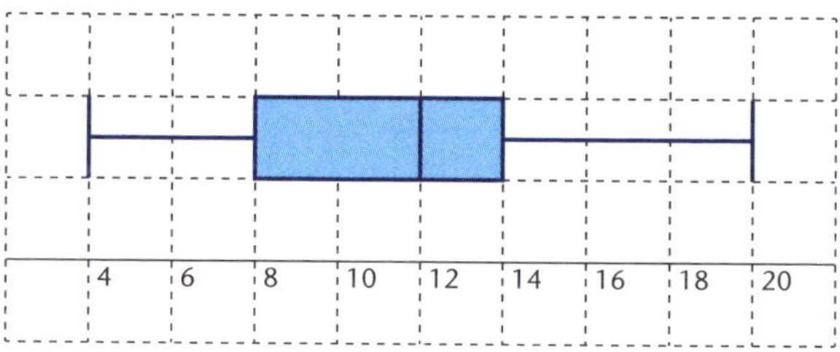

- Q1 = 8 ;
- Q3 = 13 ;
- médiane = 11 ;
- valeur minimale = 4 ;
- valeur maximale = 20.

Étudier une série statistique

Sujet (d'après DNB métropole, juin 2013)

Les informations suivantes concernent les salaires des hommes et des femmes d'une même entreprise :

Salaires des femmes : 1 200 € ; 1 230 € ; 1 250 € ; 1 310 € ; 1 376 € ; 1 440 € ; 1 500 ; 1 700 € ; 2 100 €

Salaires des hommes : Effectif total : 20 Moyenne : 1 769 € Étendue : 2 400 € Médiane : 2 000 € Les salaires des hommes sont tous différents.

1. Comparez le salaire moyen des hommes et celui des femmes.
2. Quelle est l'étendue des salaires des femmes ?
3. Le plus bas salaire de l'entreprise est 1 000 €. Quel salaire est le plus élevé ?
4. Dans cette entreprise, combien de personnes gagnent plus de 2 000 € ?

Avant de commencer

▶ Pour pouvoir comparer le salaire moyen d'un homme et d'une femme, il faut d'abord calculer le salaire moyen d'une femme.

▶ La **moyenne** d'une série statistique est égale au quotient de la somme de toutes les valeurs par le nombre total de valeurs.

▶ Toutes les données de l'énoncé sont importantes.

▶ La **médiane** ***m*** d'une série statistique ordonnée est **une valeur** qui partage cette série en deux série de même effectif.

→ Calculez le salaire moyen des femmes :

Salaire moyen des femmes =

$$\frac{1\,200 + 1\,230 + 1\,250 + 1310 + 1376 + 1\,400 + 1\,440 + 1\,500 + 1\,700 + 2\,100}{10}$$

= 1 450,6 €.

→ Comparez avec le salaire moyen des hommes :

Le salaire moyen des hommes est de 1 769 €, il est donc supérieur à celui des femmes.

→ Utilisez les données de l'énoncé et la notion d'étendue :

1. L'étendue est obtenue en effectuant la différence entre le salaire le plus élevé et le salaire le plus bas, donc ici elle vaut :
2 100 € – 1 200 € = 900 €.

2. Le salaire le plus bas de l'entreprise est 1 000 €. Étant donné que l'on connaît le salaire de toutes les femmes de l'entreprise, cela signifie que c'est un homme qui a le plus bas salaire.
L'étendue du salaire masculin est de 2 400 €.
Cela signifie donc que le salaire maximal d'un homme est de :
1 000 € + 2 400 € = 3 400 €.

Ce salaire est supérieur au salaire le plus élevé des femmes (2 100 €). Le salaire le plus élevé est donc de 3 400 €.

→ Utilisez la notion de salaire médian :

L'effectif des hommes vaut 20, le salaire médian des hommes est de 2 000 €. Les salaires des hommes étant tous différents, personne dans cette entreprise a un salaire de 2 000 €.
Il y a 10 hommes qui touchent plus de 2 000 € ainsi qu'une femme.
Au total, il y a dans cette entreprise 11 personnes qui gagnent plus de 2 000 € par mois.

Les probabilités

1 Vocabulaire

- Une expérience est dite **aléatoire** lorsque les résultats appelés **issues** ne sont pas prévisibles à l'avance.

À retenir

Avant de commencer un exercice sur les probabilités, il faut toujours repérer toutes les **issues possibles**.

- Un **événement** est constitué de zéro, une ou plusieurs issues.

Exemple : Le jet d'un dé à 6 faces, numérotées de 1 à 6, constitue une expérience aléatoire. Les issues possibles sont 1 ; 2 ; 3 ; 4 ; 5 ; 6. L'événement « obtenir 7 » est constitué de 0 issue. L'événement « obtenir un nombre pair » est constitué de 3 issues : 2 ; 4 et 6.

- Un événement dit **impossible** est un événement qui **ne se produit jamais**. Un événement **certain** est un événement qui **se produit toujours**. L'événement **contraire** d'un événement A est l'événement qui se produit lorsque A n'est pas réalisé. On le note « **non A** ». Deux événements sont dits **incompatibles** lorsqu'ils ne peuvent se produire en même temps.

Exemple : Lors du jet d'un dé à six faces numérotées de 1 à 6, l'événement « obtenir 7 » est impossible. L'événement « obtenir un nombre entier compris entre 1 et 6 » est certain. Le contraire de l'événement « obtenir un nombre pair » est « obtenir un nombre impair ». Les événements « obtenir 1 » et « obtenir 2 » sont incompatibles.

2 Notion et calcul de probabilité

- Lorsque l'on répète un très grand nombre de fois la même expérience aléatoire dans les mêmes conditions, la fréquence de réalisation d'un événement A

À retenir

Il y a **équiprobabilité** lorsque l'expérience aléatoire n'est pas truquée.

va se rapprocher d'un nombre fixe que l'on appelle **probabilité de l'événement A notée $p(A)$**.

- Si toutes les issues ont la même probabilité de se réaliser, on dit qu'il y a **équiprobabilité**.

Dans ce cas, on a $p(A) = \dfrac{\text{nombre d'issues où A est réalisé}}{\text{nombre total d'issues}}$.

Exemple : Le jet d'un dé non truqué à six faces numérotées de 1 à 6 constitue une situation d'équiprobabilité. On a alors $p(\text{obtenir } 4) = \dfrac{1}{6}$.

À retenir

$p(\text{nonA}) = 1 - p(A)$

- Propriétés : A et B sont deux événements incompatibles.

$0 \leqslant p(A) \leqslant 1$.

$p(A \text{ ou } B) = p(A) + p(B)$.

$p(A) + p(\text{nonA}) = 1$.

Exemple : Lors du jet d'un dé non truqué à six faces numérotées de 1 à 6, on considère les événements incompatibles suivants : A, « obtenir 2 » et B, « obtenir 3 ». On a alors :

$p(A) = p(B) = \dfrac{1}{6}$.

$p(A \text{ ou } B) = p(A) + p(B) = \dfrac{1}{6} + \dfrac{1}{6} = \dfrac{2}{6} = \dfrac{1}{3}$.

$p(\text{nonA}) = 1 - p(A) = 1 - \dfrac{1}{3} = \dfrac{2}{3}$.

$p(A \text{ et } B) = 0$. En effet, cet événement est impossible.

$p(\text{non } B) = 1.\ 1 - \dfrac{1}{6} = \dfrac{5}{6}$.

Utiliser un arbre ou un tableau de probabilité

1 Arbre de probabilité

• Un **arbre** de probabilité est un schéma représentant toutes les issues d'une expérience aléatoire. Chaque segment qui le compose est appelé une **branche**. On ajoute, sur la branche, la probabilité correspondante.

Exemple : L'arbre de probabilité présenté ci-dessous représente le lancer d'une pièce de monnaie bien équilibrée :

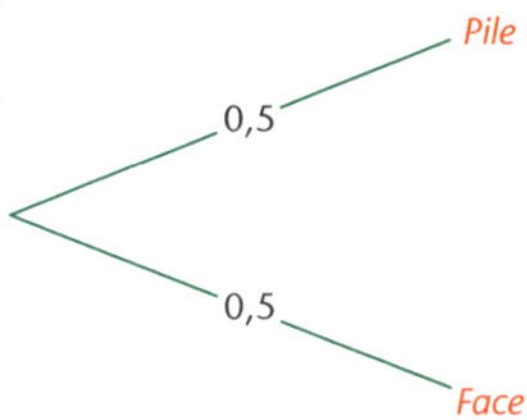

À retenir

On utilise les **arbres de probabilités** pour les expériences aléatoires à plusieurs étapes.

• Propriété : pour obtenir la probabilité d'une issue, on effectue le produit des probabilités des branches menant à cette issue.

Exemple : Voici, ci-dessous, l'arbre des probabilités d'une expérience aléatoire à deux étapes.

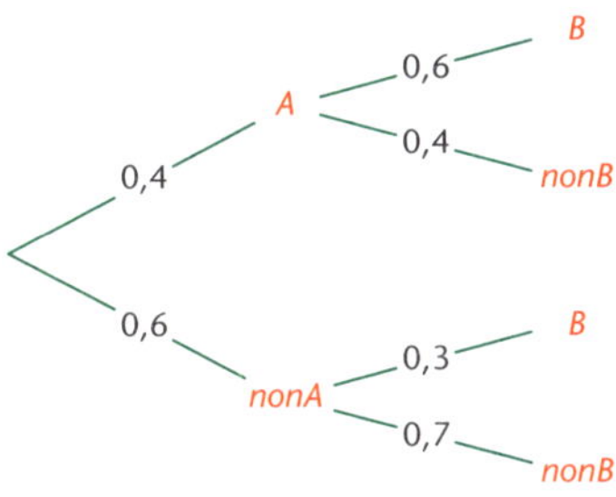

La probabilité d'obtenir A et B vaut $0{,}4 \times 0{,}6 = 0{,}24$.
La probabilité d'obtenir non A et B vaut $0{,}6 \times 0{,}3 = 0{,}18$.
Pour calculer $p(\text{B})$, la probabilité d'obtenir B, il faut suivre tous les chemins menant à B donc $p(\text{B}) = 0{,}24 + 0{,}18 = 0{,}42$.

2 Tableau de probabilité

- Pour représenter une expérience aléatoire à deux étapes, on peut aussi utiliser un **tableau à double entrée**. On obtient donc tous les couples de résultats possibles.

Exemple : On considère l'expérience aléatoire suivante : « on lance une pièce de monnaie (côté pile ou face), puis on lance un dé cubique dont les faces sont numérotées de 1 à 6 ».
Le tableau représentant cette expérience aléatoire est :

	1	2	3	4	5	6
Pile	(Pile, 1)	(Pile, 2)	(Pile, 3)	(Pile, 4)	(Pile, 5)	(Pile, 6)
Face	(Face, 1)	(Face, 2)	(Face, 3)	(Face, 4)	(Face, 5)	(Face, 6)

- Pour obtenir les probabilités, il suffit de dénombrer les cas :
– la probabilité d'obtenir « Pile » vaut 0,5 ;
– la probabilité d'obtenir « Pile » ou un numéro pair vaut $\frac{9}{12} = \frac{3}{4}$;
– la probabilité d'obtenir le numéro 2 vaut $\frac{2}{12} = \frac{1}{6}$;
– la probabilité d'obtenir un numéro pair vaut $\frac{6}{12} = 0,5$;
– la probabilité d'obtenir « Pile » et un numéro pair vaut $\frac{3}{12} = \frac{1}{4} = 0,25$;
– la probabilité d'obtenir le numéro 4 vaut $\frac{10}{12} = \frac{5}{6}$.

Exercice commenté pas à pas

Calculer la probabilité

Sujet (d'après DNB Amérique du Nord, juin 2013)

Noa souhaite s'équiper pour faire du roller.
Elle a le choix entre une paire de rollers gris à 87 € et une paire de rollers noirs à 99 €.
Elle doit aussi acheter un casque de protection et elle hésite entre trois modèles qui coûtent respectivement 45 €, 22 € et 29 €.

1. Si elle choisit son équipement (un casque et une paire de rollers) au hasard, quelle est la probabilité pour que l'ensemble lui coûte moins de 130 € ?
2. Elle s'aperçoit qu'en achetant la paire de rollers noirs et le casque à 45 €, elle bénéficie d'une réduction de 20 % sur l'ensemble.
   a. Calculez le prix en euros et centimes de cet ensemble après réduction.
   b. Cela modifie-t-il la probabilité obtenue à la question 1 ? Justifiez la réponse.

Avant de commencer

▶ Repérer le nombre d'étapes associé à cette expérience aléatoire.

▶ Tracer un arbre permettant de représenter toutes les issues possibles des choix de Noa.

▶ Le choix se fait au hasard ; on est dans une situation d'équiprobabilité.

▶ Dans le cas d'équiprobabilité,

$$p(A) = \frac{\text{nombre d'issues où A est réalisé}}{\text{nombre total d'issues}}$$

▶ Diminuer un nombre de $t\%$, c'est le multiplier par $\left(1 - \frac{t}{100}\right)$.

Déterminez le nombre d'étapes :

Noa doit faire deux choix, il s'agit donc d'une expérience aléatoire à deux étapes.

Tracez l'arbre permettant de représenter le premier choix (rollers) et le second choix (casque) :

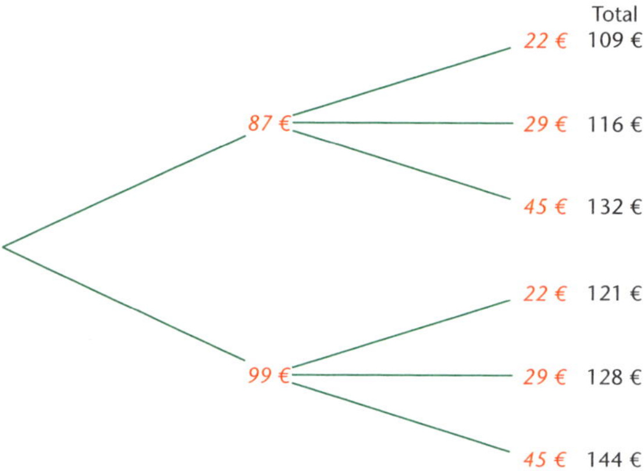

Calculez la probabilité demandée :

Il y a 4 coûts inférieurs à 130 € sur les 6 coûts.

$p(\text{prix} < 130\text{ €}) = \frac{4}{6} = \frac{2}{3}$.

Effectuez la réduction de 20 % ; traduisez la baisse de 20 % en une multiplication :

Le nouveau prix après une baisse de 20 % est de :

$(1 - \frac{20}{100}) \times 144\text{ €} = 115{,}20\text{ €}$.

La probabilité est modifiée car le prix passe en dessous de 130 €.

Statistiques et probabilités

MÉMO

THÈMES clés

Calculer une moyenne : fiche 50

Calculer une médiane, premier et troisième quartiles : fiche 50

Calculer l'écart interquartile : fiche 51

Calculer l'étendue : fiche 51

Calculer la probabilité d'un événement : fiches 53, 54 et 55

DÉFINITIONS clés

Moyenne : $\frac{\text{somme de toutes les valeurs}}{\text{nombre total de valeurs}}$.

Médiane *m* d'une série statistique ordonnée : une valeur qui partage cette série en deux série de même effectif.

Le premier quartile Q1 : plus petite valeur de la série ordonnée pour laquelle au moins un quart (ou 25 %) des valeurs sont $\leqslant$ à Q1.

Le troisième quartile Q3 : plus petite valeur de la série ordonnée pour laquelle au moins trois quarts (ou 75 %) des valeurs sont $\leqslant$ Q3.

FORMULES clés

Étendue : valeur maximale – valeur minimale.

Écart interquartile : Q3 – Q1.

Dans le cas d'équiprobabilité, on a :

$$p(\text{A}) = \frac{\text{nombre d'issues où A est réalisé}}{\text{nombre total d'issues}}.$$

SCHÉMAS-BILANS

Diagramme de Tukey

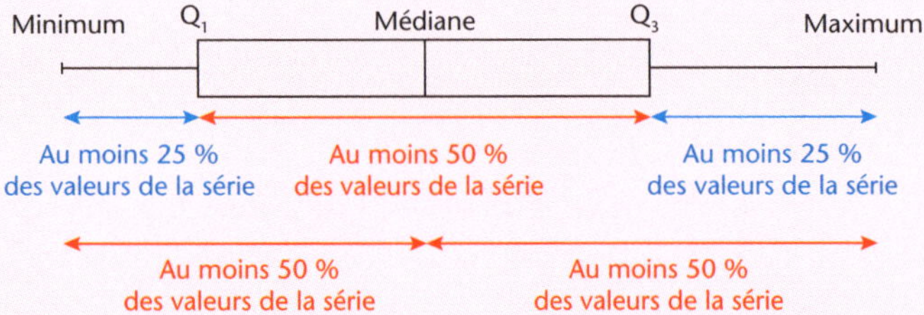

Généralités sur les probabilités

Probabilités

- $0 \leqslant p(\text{événement}) \leqslant 1$
- $p(\text{non A}) = 1 - p(\text{A})$
- Si équiprobabilité, $p(\text{A}) = \dfrac{\text{nombre d'issues où A est réalisé}}{\text{nombre total d'issues}}$
- Si A et B sont incompatibles : $p(\text{A ou B}) = p(\text{A}) + p(\text{B})$

Quiz-bilan

FICHE 57

→ *Réponses au verso.*

1 La moyenne de la série 12 ; 11 ; 15 ; 13 est :

a. ☐ 12,5 b. ☐ 12,75 c. ☐ 12,25

2 L'étendue de la série 8 ; 15 ; 3 ; 17 est :

a. ☐ 9 b. ☐ 12 c. ☐ 14

3 La médiane de la série 3 ; 7 ; 8 ; 10 ; 10 est :

a. ☐ 8 b. ☐ 10 c. ☐ 7,5

4 Le premier quartile de la série 3 ; 7 ; 8 ; 9 ; 10 ; 10 est :

a. ☐ 8 b. ☐ 9 c. ☐ 7

5 Le troisième quartile de la série 3 ; 7 ; 8 ; 9 ; 10 ; 10 est :

a. ☐ 8 b. ☐ 9 c. ☐ 10

6 Voici les notes d'Alia : 12 ; 10 ; 18 ; 17. Si on augmente toutes ses notes de 1 point, sa moyenne :

a. ☐ reste la même. b. ☐ augmente d'1 point.

7 Si on augmente d'un point toutes les notes d'une série de notes, l'étendue :

a. ☐ reste la même.
b. ☐ augmente d'1 point.
c. ☐ diminue d'1 point.

8 Pour un dé à six faces numérotées de 1 à 6, l'événement « obtenir un nombre entier pair » est :

a. ☐ impossible. b. ☐ certain. c. ☐ probable.

9 **Pour un dé à six faces numérotées de 1 à 6, l'événement « obtenir un nombre entier supérieur à 7 » est :**

a. ☐ impossible. b. ☐ certain. c. ☐ probable.

10 **Lors du lancer d'un dé non truqué à six faces numérotées de 1 à 6, la probabilité d'obtenir un nombre pair vaut :**

a. ☐ 0,5 b. ☐ $\frac{1}{6}$ c. ☐ $\frac{5}{6}$

11 **Dans un jeu de hasard, la probabilité de gagner vaut 0,25. La probabilité de perdre vaut :**

a. ☐ 0,25 b. ☐ 0,85 c. ☐ 0,75

12 **On tire une carte au hasard dans un jeu de 32 cartes. Soit A l'événement « tirer un cœur ». L'événement non A est :**

a. ☐ « tirer un trèfle ».
b. ☐ « tirer un carreau ».
c. ☐ « tirer un pique ».
d. ☐ « tirer un trèfle ou un carreau ou un pique ».

13 **Un sac contient 2 boules jaunes et une boule rouge. On tire au hasard une boule dans ce sac. La probabilité de tirer une boule jaune vaut :**

a. ☐ $\frac{1}{2}$ b. ☐ $\frac{1}{3}$ c. ☐ $\frac{2}{3}$

14 **La probabilité d'un événement est un nombre :**

a. ☐ plus petit que 1.
b. ☐ positif.
c. ☐ un nombre compris entre 0 et 1.

Réponses :

1 b – 2 c – 3 a – 4 c – 5 c – 6 b – 7 a – 8 c – 9 a – 10 a – 11 c – 12 d – 13 c – 14 c.

Annexes

Formulaire numérique, statistiques et probabilités

1. Fractions

- Pour **additionner** ou **soustraire** deux fractions, il faut qu'elles aient un **même dénominateur**.
- Pour **multiplier** deux fractions, on multiplie les numérateurs entre eux, et les dénominateurs entre eux.
- Pour **diviser** deux fractions, on multiplie la première par l'inverse de la seconde.

2. Arithmétique

- Le **PGCD** à deux nombres entiers a et b est le plus grand des diviseurs communs à a et à b. Pour le déterminer, on peut utiliser l'algorithme d'Euclide ou la méthode des soustractions successives.
- Deux nombres sont **premiers entre eux si leur PGCD vaut 1**.
- Une fraction est **irréductible** si le numérateur et le dénominateur sont premiers entre eux.

3. Puissances

Soient a et b deux nombres réels non nuls on a :

$a^1 = a$; $a^0 = 1$; $a^{-n} = \dfrac{1}{a^n}$; $a^n \times a^p = a^{n+p}$; $\dfrac{a^n}{a^p} = a^{n-p}$;

$(a^n)^p = a^{n \times p}$; $a^n \times b^n = (ab)^n$; $\left(\dfrac{a}{b}\right)^n = \dfrac{a^n}{b^n}$.

4. Racines carrées

- Si a est un nombre **positif**, alors $\sqrt{a}^2 = a$ et $\sqrt{a^2} = a$.
- Si a et b sont des nombres positifs non nuls, alors : $\sqrt{a \times b} = \sqrt{a} \times \sqrt{b}$ et $\sqrt{\dfrac{a}{b}} = \dfrac{\sqrt{a}}{\sqrt{b}}$.

5. Calcul littéral

- $(a + b)^2 = a^2 + 2ab + b^2$; $(a - b)^2 = a^2 - 2ab + b^2$.
- $(a - b)(a + b) = a^2 - b^2$.

6. Résoudre une équation

- Du **premier degré** : il faut se ramener à une équation de référence du type $ax = b$ ou $x + a = b$.
- **Équation produit** : un produit de facteurs est nul si, et seulement si, l'un des facteurs au moins est nul.

7. Inégalités

- Si l'on multiplie ou divise les deux membres d'une inégalité par un même nombre strictement positif, le sens de l'inégalité est conservé.
- Si l'on multiplie ou divise les deux membres d'une inégalité par un même nombre strictement négatif, on change le sens de l'inégalité.

8. Fonctions linéaires

- Expression algébrique : $f(x) = ax$.
- Représentation graphique : **une droite passant par l'origine du repère**.

9. Fonctions affines

- Expression algébrique : $f(x) = ax + b$.
- Représentation graphique : **une droite**.

10. Statistiques

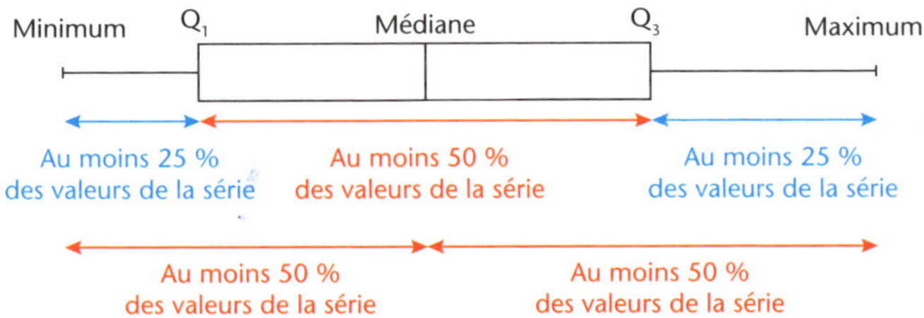

11. Probabilités

- S'il y a équiprobabilité $p(\text{A}) = \dfrac{\text{nombre d'issues où A est réalisé}}{\text{nombre total d'issues}}$.

Formulaire de géométrie

1. Triangle rectangle et Pythagore

• Théorème de Pythagore : si ABC est rectangle en A, alors $BC^2 = BA^2 + AC^2$.

• Réciproque du théorème de Pythagore : si $BC^2 = BA^2 + AC^2$, alors le triangle ABC est un triangle rectangle en A.

2. Triangle rectangle et trigonométrie

• Dans le triangle ABC rectangle en A, on a :

$$\cos \widehat{ABC} = \frac{BA}{BC} \qquad \sin \widehat{ABC} = \frac{AC}{BC} \qquad \tan \widehat{ABC} = \frac{CA}{BA}$$

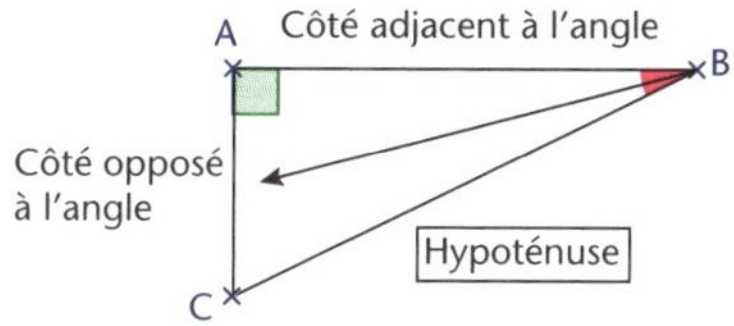

• Propriété 1 : on a $0 < \cos \widehat{ABC} < 1$; $0 < \sin \widehat{ABC} < 1$.

• Propriété 2 : pour tout angle aigu de mesure x

$\cos^2 x + \sin^2 x = 1$ et $\tan x = \dfrac{\sin x}{\cos x}$.

3. Propriété de Thalès

• Théorème de Thalès : soient (*d*) et (*d'*) deux droites sécantes en A. B et M deux points distincts de (*d*). C et N deux points distincts de (*d'*). Si (BC) est **parallèle** à (MN), alors $\dfrac{AM}{AC} = \dfrac{AN}{AB} = \dfrac{MN}{BC}$.

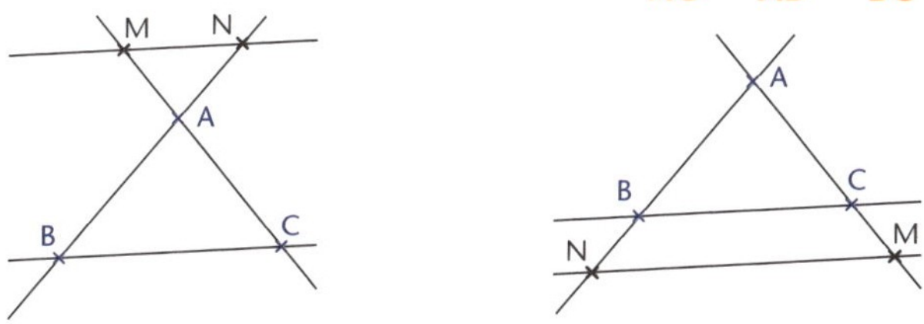

• Réciproque du théorème de Thalès : soient deux droites (*d*) et (d') sécantes en A. B et M deux points de (*d*) distincts de A. C et N deux points de (*d'*) distincts de A.

Si les points A, B, M et A, C, N sont **dans le même ordre et si** $\frac{AM}{AB} = \frac{AN}{AC}$**, alors les droites (BC) et (MN) sont parallèles**.

4. Angles

- Dans un triangle, la somme des mesures des angles d'un triangle vaut 180°.

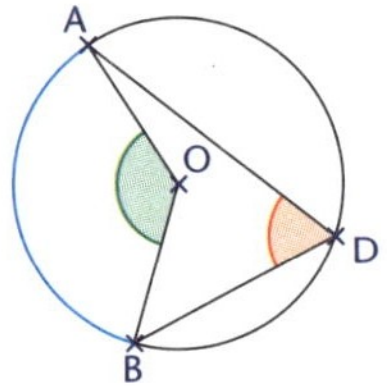

Les deux angles interceptent le même arc coloré en bleu.

L'angle au centre = 2 × l'angle inscrit.

5. Polygones réguliers

- Un polygone régulier est un polygone dont **tous les côtés ont la même longueur** et dont **tous les angles ont la même mesure**. Il est inscrit dans un cercle.
- Les angles au centre déterminés par deux sommets consécutifs d'un polygone régulier à n côtés valent $\frac{360°}{n}$.

6. Aires

- Rectangle = longueur × largeur.
- Carré = côté × côté.
- Parallélogramme = base × hauteur.
- Triangle = $\frac{\text{base} \times \text{hauteur}}{2}$.
- Cercle = $\pi \times R^2$.
- Sphère = $4 \times \pi \times R^2$.

7. Volumes

- Pavé droit = $L \times l \times h$.
- Prisme droit = aire de la base × hauteur.
- Pyramide et cône de révolution = $\frac{\text{aire de la base} \times \text{hauteur}}{3}$.
- Boule de rayon $R = \frac{4 \times \pi \times R^3}{3}$.

Géométrie : construire les droites remarquables

1. Médianes d'un triangle

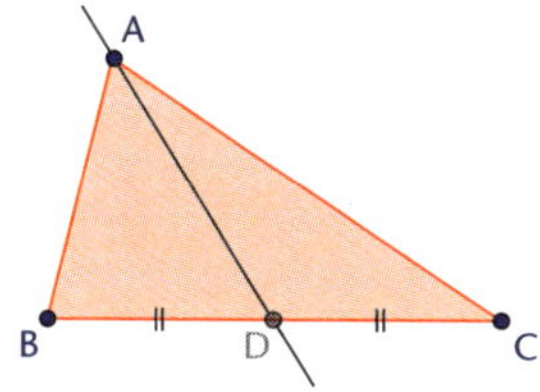

• La médiane relative à un côté d'un triangle est la droite qui passe par le milieu de ce côté et par le sommet opposé à ce côté.

• Les médianes d'un triangle sont concourantes en le **centre de gravité** du triangle.

2. Médiatrices d'un triangle

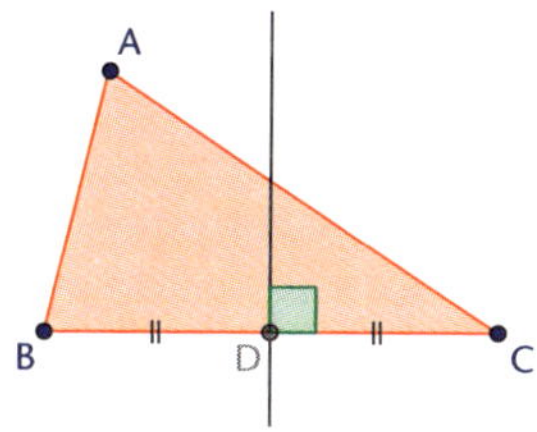

• La médiatrice d'un côté d'un triangle est la droite perpendiculaire à ce côté en son milieu.

• Les médiatrices d'un triangle sont concourantes en le **centre du cercle circonscrit** au triangle.

3. Hauteurs d'un triangle

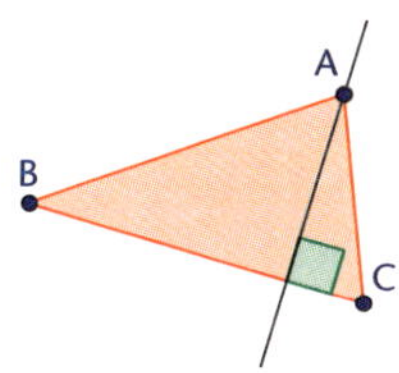

• La hauteur relative à un côté d'un triangle est la droite perpendiculaire à ce côté qui passe par le sommet opposé à ce côté.

• Les hauteurs d'un triangle sont concourantes en un point que l'on nomme **l'orthocentre**.

4. Bissectrices

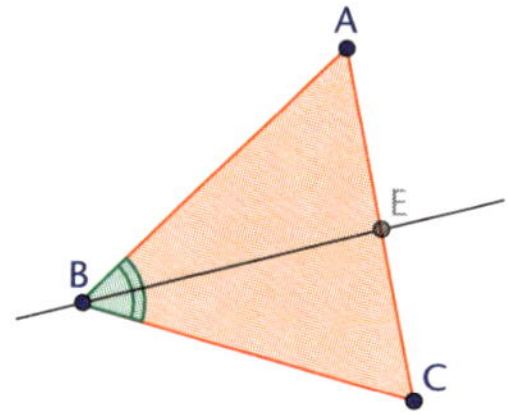

• La bissectrice d'un angle d'un triangle est la droite qui partage l'angle en deux angles égaux.

• Les bissectrices des angles d'un triangle sont concourantes en un point que l'on nomme le **centre du cercle inscrit**.

TICE : utilisation d'un tableur

1. Présentation

- Un tableur est un logiciel qui permet de manipuler des feuilles de calculs. Il se présente donc comme un tableau constitué de cellules dans lesquelles on peut insérer des nombres, du texte ou des formules.
- Il permet d'automatiser les calculs et de faire facilement des graphiques.
- Les tableurs les plus utilisés sont Excel (Microsoft) ou le module Calc de Libreoffice.

Exemple : Copie d'écran d'une feuille de calcul sous Calc.

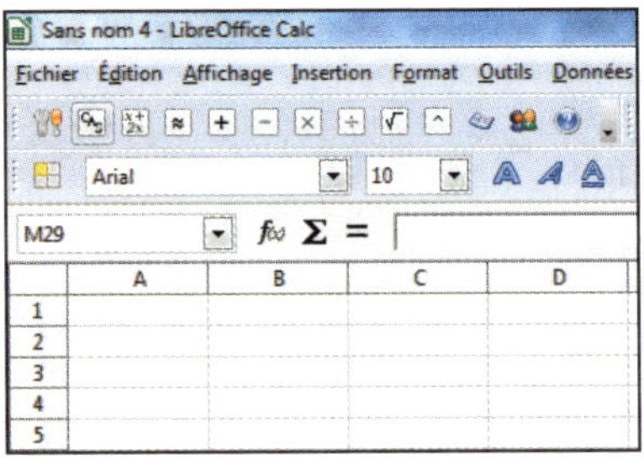

2. Repérer une cellule

Les cellules sont repérées par une lettre suivie d'un numéro.

Exemple : La cellule B2 de la capture d'écran, ci-dessous, se trouve à l'intersection de la colonne B et de la deuxième ligne.

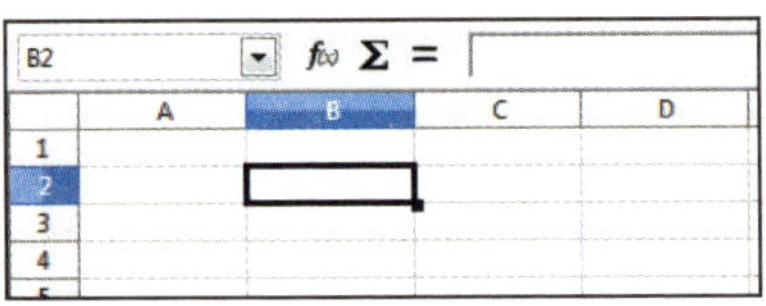

3. Écrire une formule « simple »

Étape 1 : Il suffit de commencer la formule « simple » par le signe égal puis d'écrire le calcul.

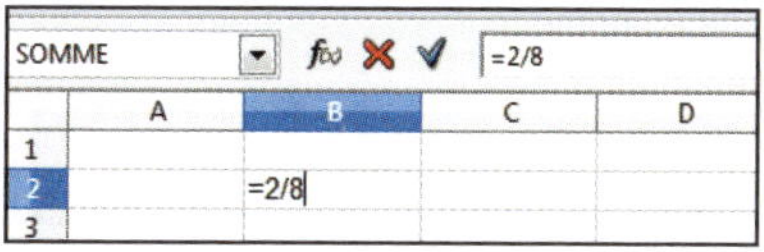

Étape 2 : Puis on appuie sur « Entrée ». On obtient alors une écriture décimale exacte ou approchée selon le calcul.

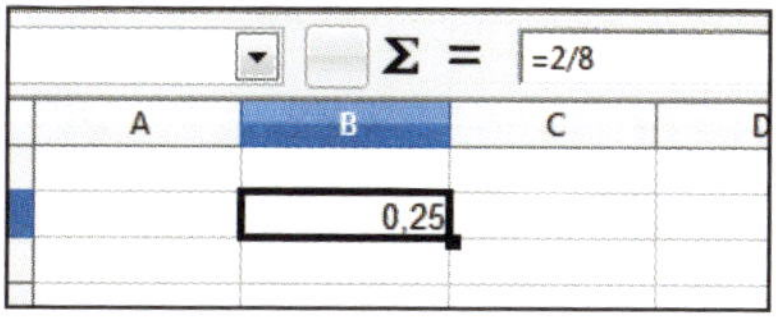

4. Écrire une formule « plus complexe »

Exemple : Écrire une formule, dans la case C4, permet d'obtenir le produit des cellules B2 et B3.

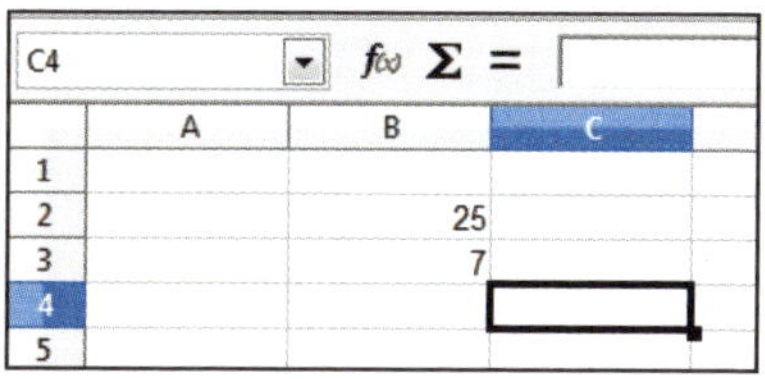

On se place dans la cellule C4 et on tape « = B2*B3 Entrée ».

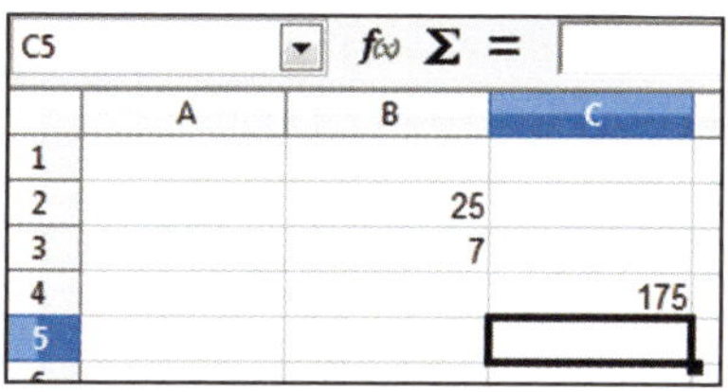

5. Utiliser une fonction

Étape 1 : On veut utiliser une formule pour obtenir dans la cellule C6 la somme des nombres de B1 à B5.

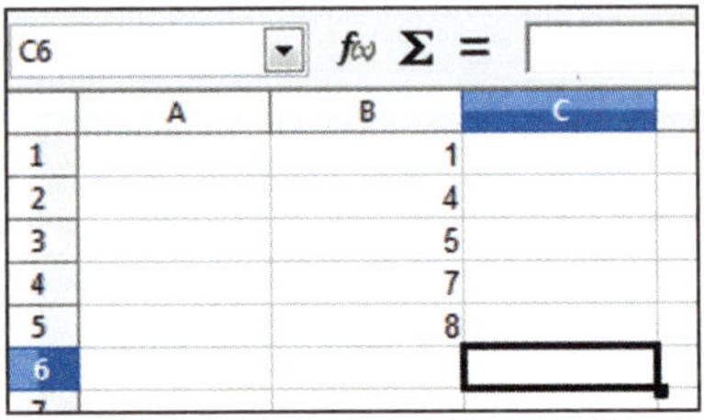

Étape 2 : On se place dans la cellules C6, on tape « = SOMME(B1; B5) »

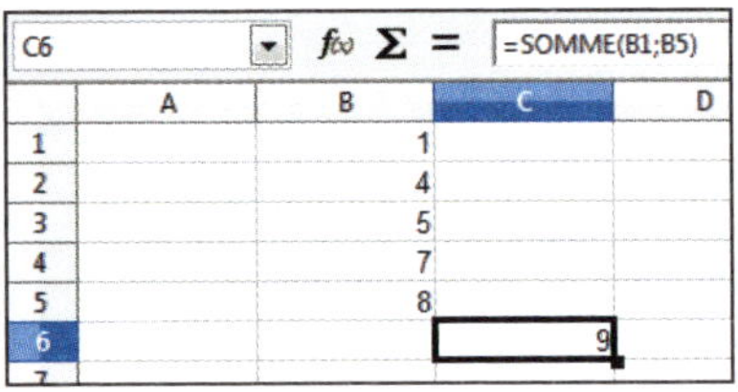

Remarque : il existe d'autres fonctions prédéfinie dans le tableur (MOYENNE, Min…).

6. Étendre une formule

On veut étendre la formule aux cellules B2 et B3.

On clique sur la cellule B2. Le cadre de la cellule devient gras avec un petit carré en bas à droite. C'est une poignée que l'on doit « tirer » vers le bas.

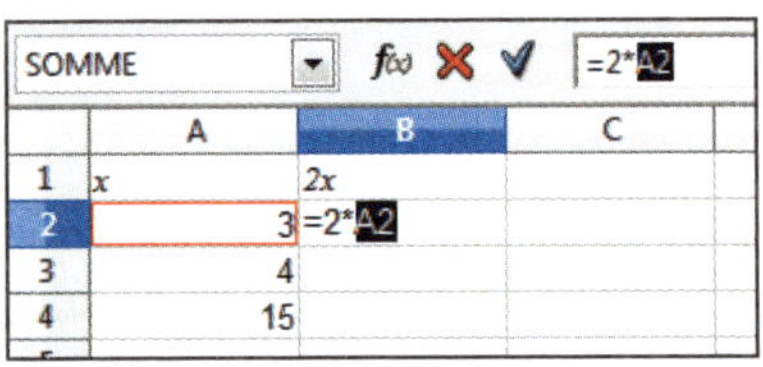

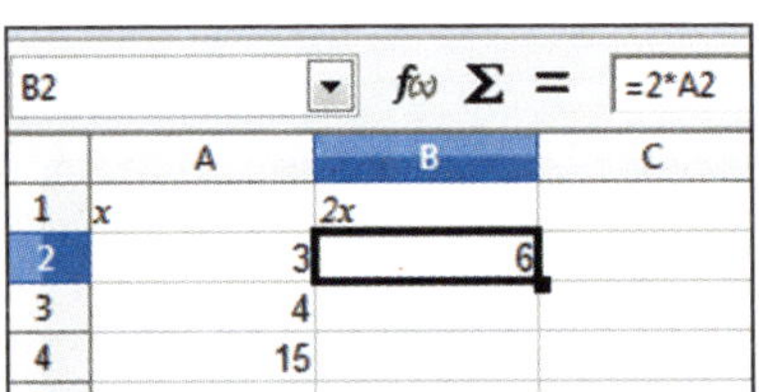